Think IT BOOKS

MySQL
即効クエリチューニング

yoku0825 = 著

とにかくMySQLを速くしたい人へ！
プロのMySQLデータベース管理者から学ぶ
パフォーマンスチューニングの極意

インプレス

- 本書は、インプレスが運営するWebメディア「Think IT」で、「MySQLマイスターに学べ！即効クエリチューニング」として連載された技術解説記事を書籍用に再編集したものです。
- 本書の内容は、執筆時点（2016年4月～同8月）までの情報を基に執筆されています。紹介したWebサイトやアプリケーション、サービスは変更される可能性があります。
- 本書の内容によって生じる、直接または間接被害について、著者ならびに弊社では、一切の責任を負いかねます。
- 本書中の会社名、製品名、サービス名などは、一般に各社の登録商標、または商標です。なお、本書では©、®、TMは明記していません。

目次

第1章　MySQL クエリーチューニングことはじめ ... 1
- 1.1　はじめに ... 1
- 1.2　パフォーマンスチューニングの見方 ... 2
- 1.3　パフォーマンスチューニングに「銀の弾丸」はない ... 4

第2章　スローログの集計に便利な「pt-query-digest」を使ってみよう ... 5
- 2.1　pt-query-digest とは ... 5
- 2.2　Percona Toolkit のインストール ... 5
- 2.3　pt-query-digest の使い方 ... 10
- 2.4　まとめ ... 14

第3章　SQL 実行計画の疑問解決には「とりあえず EXPLAIN」しよう ... 15
- 3.1　EXPLAIN ステートメント ... 15
- 3.2　EXPLAIN の何を見るか ... 15
- 3.3　EXPLAIN の結果を踏まえて確認すること ... 16
- 3.4　EXPLAIN の変更点 ... 23
- 3.5　まとめ ... 23

第4章　「PMP for Cacti」で MySQL のステータスを可視化する ... 25
- 4.1　PMP（Percona Monigoring Plugins）とは ... 25

iii

目次

4.2	PMP for Cacti のインストール	25
4.3	MySQL 監視テンプレートの登録	27
4.4	データテンプレートの調整	29
4.5	監視対象ホストの登録	30
4.6	監視ユーザーに必要な権限	32
4.7	グラフの読み取り方のポイント	32
4.8	まとめ	34

第5章 MySQL のリアルタイムモニタリングに innotop　35

5.1	innotop とは	35
5.2	innotop のインストール	36
5.3	接続先を指定するオプション	37
5.4	リアルタイムモニタリングに関する操作	37
5.5	非インタラクティブモードでの利用について	45
5.6	まとめ	46

第6章 再現性のあるスロークエリーには「SHOW PROFILE」を試してみよう　47

6.1	MySQL の組み込みプロファイラー	47
6.2	利用方法	47
6.3	使いどころ	52
6.4	performance_schema での利用の仕方と相違点	53
6.5	まとめ	59

第7章 performance_schema を sys で使い倒す　61

7.1	パフォーマンススキーマとは	61
7.2	パフォーマンススキーマの設定	62
7.3	パフォーマンススキーマの参照	67
7.4	sys とは	69
7.5	sys の便利機能	70
7.6	まとめ	74

第 8 章　MySQL のチューニングを戦う方へ　75
- 8.1　チューニングの基本方針　75
- 8.2　クエリーチューニングの測定　76
- 8.3　パラメーターチューニングの測定　77
- 8.4　パラメーターの別の側面　78
- 8.5　ハードウェアリソースとの兼ね合い　80
- 8.6　グローバルスコープとセッションスコープのパラメーター　81
- 8.7　まとめ　82

第1章 MySQLクエリーチューニングことはじめ

1.1 はじめに

　はじめまして、yoku0825といいます。とある企業のDBAです。

　本書を読み進めるにあたり、簡単に筆者の背景（本書が、どんな仕事をしている人間によって書かれたか）を説明しておきたいと思います。

　筆者は「とある企業でDBA（データベースを専門で面倒を見る人）」として雇用されています。「データベースの面倒を見る」というと、サーバーサイドアプリケーション（データベースの上のレイヤー）を書く人が担当している場合やインフラエンジニア（データベースよりも下のレイヤー）と呼ばれる人たちが担当している場合を多く耳にしますが、筆者はこれを専門的に、仕事をしている時間はほぼデータベースのことを考えていたり検証したりチューニングしたりしています。

　このような背景から、筆者はたしなみ程度にしかプログラムが書けません。サーバーサイドアプリケーションはほぼブラックボックスです（見ようと思えば見られるところにはありますが）。本書はMySQLのクエリーチューニングを「MySQLしか触れない」人間の目から解説します。MySQLしか触れないというと聞こえが悪くはありますが、「言語やフレームワークに依存せずMySQL側から解決へアプローチする」ための方法を紹介、ということにさせておいてください。なお筆者はDBAではあるものの、OracleにもPostgreSQLにもSQL Serverにも詳しくありません。筆者がただ1つちょっと知っていることは、MySQLに関してのみです。

1.2 パフォーマンスチューニングの見方

パフォーマンスチューニングは、端的には「手段は問わない、速くしろ」ということだと思っています。そのためのアプローチとしては、下記のような方法が挙げられます。

- SQLを書き換える
- インデックスを追加する
- パラメーターを変更する
- それ以外の何か

SQLを書き換える、インデックスを追加する

大概の場合、SQLの書き換えとインデックスの追加はセットになります。場合によってはインデックスの追加だけでは収まらず、カラムを足したりテーブルを分割したりがセットになってくることもあります。筆者はこのあたりをまとめて「SQLチューニング」と呼んでいます（SET SESSIONステートメントでセッション単位にパラメーターを上書きすることも筆者はこの中に含めていたりします）。これは筆者がそう呼んでいるだけで、一般的な「SQLチューニング」の範囲とはちょっと違うかも知れません。SQLチューニングは決まれば（つまり元の状態がよほど悪いということでもありますが）100倍以上の性能改善を叩き出せますが、1回のチューニングで影響のある範囲は広くありません。特定のクエリーに対するチューニングなので、別のクエリーが速くなることはほぼないのです。

パラメータを変更する

パラメーターを1回変更してしまえば（それが決まっていれば）、ほぼ全てのクエリーに対して透過的に（SQLの書き換えなしに）影響を及ぼすことが期待できます。その代わりSQLチューニングほどの性能改善はなく、せいぜい数倍程度です（大概の場合は数倍どころか数％ではないでしょうか。数倍出ればよほど今までの値が悪かったのだろう、ということになります）。大きな効果が見込めるパラメーターは積極的にチューニングしていくモチベーションがありますが、ある程度のところまで行くとパラメーターを細かくチューニングするよりもSQLチューニングに時間をかけた方が効率が良くなります（秘伝のタレに例えられるmy.cnfは、この「ある程度のところ」が詰まっていることが多いです）。

それ以外の何か

スケールアップやスケールアウト（シャーディング）、キャッシュ用ミドルウェアの追加（つまり、 **その処理に MySQL を直接使わなくする**）、RDBMS を入れ替える（例：MariaDB に変更など）、カーネルパラメーターのチューニングなどを想定しています。筆者は立場上極力「その MySQL で頑張る」ために力を費やしますが、状況さえ許せば MySQL であることにこだわる必要はありません（たとえばキャッシュ用ミドルウェアの多くはトランザクションに対応していないことが多く、「エラーなく書き込み（RDBMS でいう COMMIT）が完了すればサーバーがダウンしてもデータが失われない」ということ（ACID 属性の"D"）は保証されないことが多いです。その状況が許されるならば、です）。

なお、本書では SQL の書き換えとインデックスの追加そのものについては触れません。これらが必要そうなクエリーを稼働中の MySQL から推測する手法については、以下の通り説明していく予定です。

- 第 1 章 目次的なもの（本章）
- 第 2 章 便利な Percona Toolkit の pt-query-digest の使いどころ
- 第 3 章 何はなくともとりあえず EXPLAIN
- 第 4 章 Percona Monitoring Plugin(PMP) for Cacti でとりあえずグラフ化
- 第 5 章 innotop でリアルタイムに MySQL の様子を眺める
- 第 6 章 再現性があるなら MySQL 組み込みのプロファイラー（SHOW PROFILE）が便利
- 第 7 章 MySQL 5.6 からの performance_schema は便利
- 第 8 章 本書でパラメーターチューニングの話をしない理由と、パラメーターチューニングをする人へのエール

第 2 章の pt-query-digest と第 3 章の EXPLAIN では、チューニングしたい SQL がスローログに記録されている場合の調査方法について説明します。また、第 4 章の PMP for Cacti では筆者が業務で利用している MySQL のモニタリングテンプレートのインストールとグラフの簡単な見方について説明します。

第 5 章の innotop と、1 つ飛ばして第 7 章の performance_schema では「スローログには出ていないが瞬間的に遅くなることがある」場合や「今はまだ問題になっていないが、いずれ問題になる（かも知れない）クエリーを事前にチェックしたい」場合などに使えるツールを紹介します。

第 6 章の SHOW PROFILE では、MySQL 組み込みのプロファイラーで遅いクエリーの「ど

こが遅いのか」を探っていく方法について、第 8 章のパラメーターチューニングの話をしない理由では「パラメーターチューニングをどのように考えて実践していくべきか」の考え方を説明します。

1.3　パフォーマンスチューニングに「銀の弾丸」はない

　本書ではチューニングそのものの方法については詳しく説明しません。それは見出しの通り「銀の弾丸」などはなく、MySQL のパフォーマンスチューニングは計測と改善を繰り返し行っていくべきものだからです。そのため、特定のケースにマッチする改善の手法よりも、繰り返し使われる計測の手法にフォーカスを当てて説明していきます。

　また、本書は「遅いクエリーがわかってもどんなインデックスを追加すれば良いのかわからない」人や「そもそもインデックスを追加したことがない」人向けの連載ではありません。「スローログがカウントアップしているのはわかるけれど、それを丁寧に解析している時間がない」人だったり、「問題に備えてモニタリング環境を整備しておきたい人」だったり、「いざ問題が起きた時に手早く状況を確認するための一手を探しておきたい人」だったり、そんな忙しい DBA の一助になれば幸いです。

第2章 スローログの集計に便利な「pt-query-digest」を使ってみよう

2.1 pt-query-digestとは

　pt-query-digestとは、Percona社[*1] が開発、配布しているMySQL用のユーティリティーキットであるPercona Toolkit[*2] の一つです。2016/03/22現在での最新のドキュメントはこちら[*3] にあります。

　pt-query-digestの基本的な使い方は、「スローログをノーマライズ、集計し、人間が判断しやすい形式で出力させる」です。基本的にはスローログ用と考えますが、スローログ以外にもジェネラルログやバイナリーログ（`mysqlbinlog`コマンドの出力を入力する）、パケットキャプチャー（`tcpdump`コマンドの出力を入力する）などが利用可能です。

2.2 Percona Toolkitのインストール

　まずはPercona Toolkitをインストールします。インストールの方法にはいくつかの選択肢があります。

　yum/aptリポジトリーを利用する以外の方法でインストールする場合、Percona Toolkitのダウンロードページ[*4] でインストールファイルのURLを取得してください。

　筆者の業務環境はCentOSがメインのため、CentOSに比べてDebian系の記述があっさりし

[*1] https://www.percona.com/
[*2] https://www.percona.com/software/mysql-tools/percona-toolkit
[*3] https://www.percona.com/doc/percona-toolkit/2.2/pt-query-digest.html
[*4] https://www.percona.com/downloads/percona-toolkit/

ていますがご了承ください。

RHEL, CentOS で yum リポジトリーを利用する

　Percona の yum リポジトリーを登録し、そこから yum コマンドでインストールする方法です。シンプルでアップグレードに追従しやすいという利点がありますが、Percona のリポジトリーは独自の MySQL（Percona Server という MySQL のフォークプロダクト）を含んでいますので、MySQL サーバーを yum リポジトリーでインストールした場合には意図せずパッケージが入れ替えられてしまう可能性がありますので注意してください。

　Percona の yum リポジトリーの登録コマンドは Installing Percona Server on Red Hat Enterprise Linux and CentOS[*5] のページに記載があります。

```
$ sudo yum install
http://www.percona.com/downloads/percona-release/redhat/0.1-3/percona-release-0.1-3
.noarch.rpm
..
================================================================================
 Package                       Arch                 Version              Repository
Size
================================================================================
Installing:
 percona-release               noarch               0.1-3
/percona-release-0.1-3.noarch                       5.8 k

Transaction Summary
================================================================================
Install      1 Package(s)

Total size: 5.8 k
Installed size: 5.8 k
Is this ok [y/N]: y
..

$ sudo yum install percona-toolkit
..
Dependencies Resolved

================================================================================
 Package                       Arch                 Version
Repository                     Size
================================================================================
Installing:
 percona-toolkit               noarch               2.2.17-1
percona-release-noarch         1.6 M
Installing for dependencies:
```

[*5]　https://www.percona.com/doc/percona-server/5.6/installation/yum_repo.html

```
 Percona-Server-shared-51           x86_64           5.1.73-rel14.12.625.rhel6
percona-release-x86_64              2.1 M
 perl-DBD-MySQL                     x86_64           4.013-3.el6
base                                134 k
 perl-DBI                           x86_64           1.609-4.el6
base                                705 k
 perl-IO-Socket-SSL                 noarch           1.31-2.el6
base                                69 k
 perl-Net-LibIDN                    x86_64           0.12-3.el6
base                                35 k
 perl-Net-SSLeay                    x86_64           1.35-9.el6
base                                173 k
 perl-TermReadKey                   x86_64           2.30-13.el6
base                                31 k
 perl-Time-HiRes                    x86_64           4:1.9721-141.el6_7.1
updates                             49 k

Transaction Summary
================================================================================
Install       9 Package(s)

Total download size: 5.0 M
Installed size: 11 M
```

　Percona Toolkit の rpm パッケージは MySQL のクライアントライブラリー（mysql-libs という名前で配布されていることが多いです）に依存しますが、Percona のリポジトリーを有効にしているため、mysql-libs の代わりに Percona-Server-shared-51 というパッケージが依存関係でインストールされています。あらかじめ mysql-libs をインストールしておくことでこれは回避できますが、mysql-libs がバージョンアップした際に置き換わりが発生するかも知れませんので、これを嫌うのであれば yum リポジトリーを利用せず直接 rpm ファイルをインストールする方法が良いでしょう。

RHEL, CentOS系でrpmファイルを利用する

　Percona のリポジトリーを登録せず、直接 rpm ファイルをインストールする方法です。依存関係の制御は相変わらず yum コマンドに任せられますし、MySQL のライブラリーを Percona Server のもので置き換えられるリスクもありません。yum リポジトリー利用時は `yum upgrade percona-toolkit` で可能だったアップグレードのみ、毎回 URL を入力する形式に変わります。

```
$ sudo yum install
https://www.percona.com/downloads/percona-toolkit/2.2.17/RPM/percona-toolkit-2.2.17-1
.noarch.rpm
..
================================================================================
 Package                            Arch             Version
```

```
Repository                                      Size
================================================================================
Installing:
 percona-toolkit                    noarch       2.2.17-1
/percona-toolkit-2.2.17-1.noarch                 5.6 M
Installing for dependencies:
 mysql-libs                         x86_64       5.1.73-5.el6_6              base
1.2 M
 perl-DBD-MySQL                     x86_64       4.013-3.el6                 base
134 k
 perl-DBI                           x86_64       1.609-4.el6                 base
705 k
 perl-IO-Socket-SSL                 noarch       1.31-2.el6                  base
69 k
 perl-Net-LibIDN                    x86_64       0.12-3.el6                  base
35 k
 perl-Net-SSLeay                    x86_64       1.35-9.el6                  base
173 k
 perl-TermReadKey                   x86_64       2.30-13.el6                 base
31 k
 perl-Time-HiRes                    x86_64       4:1.9721-141.el6_7.1        updates
49 k

Transaction Summary
================================================================================
Install       9 Package(s)

Total size: 8.0 M
Total download size: 2.4 M
Installed size: 13 M
```

Debian, Ubuntuでaptリポジトリーを利用する

　Perconaのaptリポジトリーを登録し、そこからapt-getコマンドでインストールする方法です。シンプルでアップグレードに追従しやすいという利点がありますが、Perconaのリポジトリーは独自のMySQL（Percona ServerというMySQLのフォークプロダクト）を含んでいますので、MySQLサーバーをaptリポジトリーでインストールした場合には意図せずパッケージが入れ替えられてしまう可能性がありますので注意してください。

　Perconaのaptリポジトリーの登録コマンドはInstalling Percona Server on Debian and Ubuntu[6]のページに記載があります。

```
$ wget https://repo.percona.com/apt/percona-release_0.1-3.$(lsb_release -sc)_all.deb
$ sudo dpkg -i percona-release_0.1-3.$(lsb_release -sc)_all.deb
$ sudo apt-get install percona-toolkit
```

---

[6]　https://www.percona.com/doc/percona-server/5.6/installation/apt_repo.html

2.2 Percona Toolkit のインストール

```
..
The following extra packages will be installed:
  libalgorithm-c3-perl libarchive-extract-perl libcgi-fast-perl libcgi-pm-perl
libclass-c3-perl libclass-c3-xs-perl
  libcpan-meta-perl libdata-optlist-perl libdata-section-perl libdbd-mysql-perl
libdbi-perl libfcgi-perl libgdbm3
  libio-socket-ssl-perl liblog-message-perl liblog-message-simple-perl
libmodule-build-perl libmodule-pluggable-perl
  libmodule-signature-perl libmro-compat-perl libmysqlclient18 libnet-libidn-perl
libnet-ssleay-perl
  libpackage-constants-perl libparams-util-perl libpod-latex-perl libpod-readme-perl
libregexp-common-perl
  libsoftware-license-perl libsub-exporter-perl libsub-install-perl
libterm-readkey-perl libterm-ui-perl
  libtext-soundex-perl libtext-template-perl mysql-common perl perl-modules rename
Suggested packages:
  libclone-perl libmldbm-perl libnet-daemon-perl libsql-statement-perl
libmime-base64-perl perl-doc
  libterm-readline-gnu-perl libterm-readline-perl-perl make libb-lint-perl
libcpanplus-dist-build-perl libcpanplus-perl
  libfile-checktree-perl libobject-accessor-perl
Recommended packages:
  libarchive-tar-perl
The following NEW packages will be installed:
  libalgorithm-c3-perl libarchive-extract-perl libcgi-fast-perl libcgi-pm-perl
libclass-c3-perl libclass-c3-xs-perl
  libcpan-meta-perl libdata-optlist-perl libdata-section-perl libdbd-mysql-perl
libdbi-perl libfcgi-perl libgdbm3
  libio-socket-ssl-perl liblog-message-perl liblog-message-simple-perl
libmodule-build-perl libmodule-pluggable-perl
  libmodule-signature-perl libmro-compat-perl libmysqlclient18 libnet-libidn-perl
libnet-ssleay-perl
  libpackage-constants-perl libparams-util-perl libpod-latex-perl libpod-readme-perl
libregexp-common-perl
  libsoftware-license-perl libsub-exporter-perl libsub-install-perl
libterm-readkey-perl libterm-ui-perl
  libtext-soundex-perl libtext-template-perl mysql-common percona-toolkit perl
perl-modules rename
0 upgraded, 40 newly installed, 0 to remove and 0 not upgraded.
Need to get 10.5 MB of archives.
After this operation, 51.5 MB of additional disk space will be used.
Do you want to continue? [Y/n]
```

Debian, Ubuntu で deb ファイルを利用する

　Percona のリポジトリを登録せず、取得した deb ファイルをインストールする方法です。RHEL/CentOS 系における yum リポジトリ vs rpm パッケージのように、Percona のリポジトリ由来のファイルで本来の MySQL ライブラリーなどが上書きされる心配はなくなりますが、依存関係のあるパッケージは自身で予めインストールしておく必要があります。

```
$ wget
https://www.percona.com/downloads/percona-toolkit/2.2.17/deb/percona-toolkit_2.2.17-1
_all.deb
$ sudo apt-get install perl libdbi-perl libdbd-mysql-perl libterm-readkey-perl
libio-socket-ssl-perl libmysqlclient18 mysql-common libgdbm3 libnet-ssleay-perl
perl-modules
$ sudo dpkg -i percona-toolkit_2.2.17-1_all.deb
```

ソースコードからインストールする

　Percona Toolkitの中身はPerlスクリプトおよびシェルスクリプトの詰め合わせです。そのため、敢えてパッケージを利用しなくても簡単にインストールすることができます。

```
$ wget
https://www.percona.com/downloads/percona-toolkit/2.2.17/deb/percona-toolkit_2.2.17-1
.tar.gz
$ tar xf percona-toolkit_2.2.17-1.tar.gz
$ cd percona-toolkit-2.2.17
```

　必要なPerlモジュールがインストールされていれば、このままbinディレクトリーにあるスクリプトを実行することができますので、スーパーユーザー権限なしに利用することも可能です。perl Makefile.PL && make && make install で/usr/localにインストールされますが、manページが不要で単発で利用したいだけの場合はこのまま直接ファイルを実行しても良いと思います。

2.3　pt-query-digestの使い方

基本的な使い方

　それではpt-query-digestの使い方を見ていきましょう。一番単純な使い方は以下の通り、オプションを指定せずに引数としてスローログのパスを指定することです。

```
$ pt-query-digest /path/to/slow.log
```

　スローログをパースして集計した結果が標準出力に書き出されます。出力内容は入力のスローログに応じて増えますので、リダイレクトでファイルに落としておくのも良いでしょう。セクションごとに内容を見ていきます。

```
# 210ms user time, 40ms system time, 26.75M rss, 202.94M vsz
# Current date: Thu Mar 24 18:41:21 2016
# Hostname: xxxx
# Files: /usr/mysql/5.7.11/data/slow.log
```

2.3 pt-query-digest の使い方

```
# Overall: 119 total, 8 unique, 0 QPS, 0x concurrency _____
# Attribute          total     min     max     avg     95%  stddev  median
# ============     =======  ======  ======  ======  ======  ======  ======
# Exec time          272ms     9us    32ms     2ms     2ms     3ms     2ms
# Lock time           21ms       0     8ms   177us    89us   865us    54us
# Rows sent            510       0     104    4.29       0   19.93       0
# Rows examine         510       0     104    4.29       0   19.93       0
# Query size        17.17k      10     164  147.74  158.58   41.54  158.58
```

最初のセクションは、スローログ全体を俯瞰した様子です。Exec time（スローログ上では Query_time）, Lock time, Rows sent, Rows examine など、スローログに書き込まれている情報を集計した情報が書き出されています。

```
# Profile
# Rank Query ID           Response time Calls R/Call V/M   Item
# ==== ================== ============= ===== ====== ===== ===============
#    1 0xCAEC22E79B0EFD3B  0.2041 75.2%   105 0.0019  0.00 INSERT t?
#    2 0x35AAC71503957920  0.0322 11.9%     1 0.0322  0.00 FLUSH
#    3 0x0C922D63DA1D917B  0.0216  8.0%     1 0.0216  0.00 CREATE TABLE t? `t1`
#    4 0x5722277F9D796D79  0.0107  3.9%     2 0.0053  0.01 DROP
# MISC 0xMISC              0.0029  1.1%    10 0.0003   0.0 <4 ITEMS>
```

次のセクションはクエリー単位でノーマライズされ、集計された結果が並びます。

pt-query-digest はスローログを処理する際にリテラルをノーマライズします。column1 = 1 や column1 = 2 といった数値リテラルは column1 = N という形に丸められ、同じクエリーとして扱われます（カラム名の数字は丸められないため、数字が入っているカラム名を利用していてもカラムが違えば識別されます）。また、文字列リテラルや行リテラルもノーマライズされますので、個々のクエリーのパラメーターの差異によらずに全体としての傾向を掴めます。

このセクションでのクエリーはデフォルトでは「各ノーマライズされたクエリーごとの Query_time の和」の降順で並べられています。これは --order-by オプションで変更することができます。

Response time は Query_time の和と、スローログ全体におけるそのクエリーの占めるパーセンテージが出力されます。Calls はクエリーが実行された回数、R/Call は Response time / Call（つまり平均値）、V/M は標準偏差です。Item にはクエリーのサマリーが表示されます。時間がかかっている（R/Call が大きい）クエリーでも稀にしか実行されないものである場合、チューニング対象としてはちょっと不足気味です（たとえば、年に 1 回しか実行されないクエリーを 10 秒速くすることにあまり意味はないでしょう）。また、時間の累計（Response time）が大きいクエリーである場合でも、R/Call が十分小さい場合はスピードアップは困難かも知れません（10 秒のクエリーを 10% 速くすることと、10ms のクエリーを 10% 速くするのでは後者

第2章　スローログの集計に便利な「pt-query-digest」を使ってみよう

の方が難易度が高いでしょう）。

　実際のスローログを pt-query-digest に集計させた場合、結果サイズはそれなりに大きくなります。全てを見ていくにも時間がかかりますので、このセクションで目ぼしいクエリーにあたりをつけ、Query ID（ノーマライズされたステートメントから計算されるハッシュ値）を検索する方法がお勧めです。

```
# Query 1: 0 QPS, 0x concurrency, ID 0xCAEC22E79B0EFD3B at byte 2247 _____
# This item is included in the report because it matches --limit.
# Scores: V/M = 0.00
# Attribute    pct   total    min     max     avg     95%   stddev  median
# ============ ===   ======  ======  ======  ======  ======  ======  ======
# Count         88    105
# Exec time     75   204ms    1ms     3ms     2ms     2ms   319us    2ms
# Lock time     32    7ms    37us   589us    64us    76us    57us    54us
# Rows sent      0     0       0       0       0       0       0       0
# Rows examine   0     0       0       0       0       0       0       0
# Query size    97   16.75k  160     164    163.33  158.58   0.00   158.58
# String:
# Databases    mysqlslap
# Hosts        localhost
# Time         2016-03-24... (1/0%), 2016-03-24... (1/0%)... 103 more
# Users        root
# Query_time distribution
#   1us
#   10us
#   100us
#   1ms  ################################################################
#   10ms
#   100ms
#   1s
#   10s+
# Tables
#    SHOW TABLE STATUS FROM `mysqlslap` LIKE 't1'\G
#    SHOW CREATE TABLE `mysqlslap`.`t1`\G
INSERT INTO t1 VALUES
(1308044878,'50w46i58Giekxik0cYzfA8BZBLADEg3JhzGfZDoqvQQk0Akcic7lcJInYSsf9wqin6LDC1v
zJLkJXKn5onqOy04MTw1WksCYqPl2Jg2eteqOqTLfGCvE4zTZwWvgMz')\G
```

　3つ目のセクションからは、クエリー単位の個別の集計結果が表示されます。1行目に Query ID が含まれているため、2つ目のセクションで表示されていた Query ID を検索すると個別クエリーのセクションの先頭行に行けるようになっています。

　筆者はここで Rows examine / Rows sent の値をよく計算します。GROUP BY を使っている場合を除けば、Rows examine / Rows sent の値が1に近い（小さい）ほど効率よくインデックスで WHERE 句を処理できているからです。1に近いほどインデックス以外の箇所で SQL をチューニングしなければならないため時間がかかり、1から遠いほどインデックスの追加で劇的に速くなる可能性があるため効率良くチューニングできる可能性が高まります。

また、Rows sent や Rows examine 、 Exec time に大きなバラつきがあり相関しているように見える場合、 WHERE 句の条件によって結果セットの大きさが大幅に変化していることが考えられます。転送された結果セットが本当に全てアプリケーション側で利用されているのかどうかを確認するのが良いでしょう（本当に使われていた場合、どうしようもありませんが）。

Rows sent 、 Rows examine 、 Lock time にバラつきが少ないにも関わらず Exec time にバラつきがある場合は、バッファプールのヒット率が悪いことなどが考えられます（MyISAM ストレージエンジンのテーブルであればこの限りではありません）。InnoDB バッファプールは SELECT のみでなく INSERT や DELETE の際にも利用されます。また、InnoDB のテーブル圧縮を使用している場合バッファプールミスヒットのコストは無圧縮状態に比べて非常に高くなるため注意が必要です。バッファプールの他にもテーブルキャッシュが足りなくなっていないかなども考慮する必要があります。

Time の行は、本来であれば「そのクエリーが最初に現れた時間」と「そのクエリーが最後に現れた時間」を表示するのですが、残念ながら MySQL 5.7 系列のスローログには対応していません。バッチなどによる一過性のスローログなのか、継続的なものか、あるいはもう既に修正されたもの（最後に現れた時間が十分過去）なのかをチェックしておきましょう。

最後の行は、このチェックサムのクエリーのうちサンプルとして 1 件、ノーマライズしていないクエリーを表示します。EXPLAIN や実際に実行する時にそのままコピー＆ペーストすることができます。

これ以降、各クエリー単位でこのセクションが並びます。2 セクション目のクエリー単位で集計された内容と、この詳細な内容を行ったり来たりしながら SQL チューニングをしていきます。

業務上での利用例

pt-query-digest を業務で使う場合、小さな単位で反復的に結果を受け取ると便利です。筆者の勤務先では 1 日 1 回スローログを集計して、件数のみ通知しています（集計とは別に、スローログが一定数出るとリアルタイムに通知される仕組みもあります）。件数のみ通知にしている理由は「前回の集計から今回の集計の間にスローログがこれだけ増えた」という増分に注目するためです（繰り返しになりますが、集計とは別に、一定数スローログが出力されるとリアルタイムに出力されます。サービスに影響が出るようなスローログはそちらで検知します）。また、小さな単位で集計することで、「最近問題になっているスロークエリー」をピックアップしやすくなります。

pt-query-digest では --since オプションと --until オプションを利用することで、スローログのいつからいつまでを集計範囲にするかを指定することができます。2016/03/22 のまる 1

日分のみを集計するためには以下のように指定します。

```
$ pt-query-digest --since="2016-03-22" --until="2016-03-23" /path/to/slow.log
```

　この出力結果の通知の他に、pt-query-digest の出力の最初のセクションに含まれていた "Overall: xxx total, x unique" の行をパースして保存しています。これにより、日々のスロークエリーの数は後から追いやすくなっています。

　また、見やすく集計してくれるとはいえ pt-query-digest の結果はテキストファイルのため、視認性はよくありません。比較的長い範囲を集計したい場合は、Anemometer[7] というpt-query-digest 専用 のグラフ化ツールを利用して傾向を確認するようにしています（ただしそのままでは利用しづらいため、anemoeater[8] というラッパースクリプトを作成し、Anemometer にデータをインポートしています。良ければ利用して見てください）。

2.4 まとめ

　pt-query-digest はスローログを集計し、「チューニングしやすいクエリー」を発見するのに役立ちます。集計単位を小さくすることやグラフ化ツールを利用することで効率を上げましょう。バイナリーログや tcpdump の結果をスローログのように見立て集計することも可能ですので、更新クエリーの集中状況や long_query_time の値を変更できない場合（あるいは、特定のアプリケーションサーバーのみでの tcpdump 結果からの集計）も利用することができます。

　2016/03/22 現在での最新のドキュメントは こちら[9] にあります。

---

[7] https://github.com/box/Anemometer/wiki
[8] https://github.com/yoku0825/anemoeater/blob/master/README_ja.md
[9] https://www.percona.com/doc/percona-toolkit/2.2/pt-query-digest.html

第3章 SQL実行計画の疑問解決には「とりあえずEXPLAIN」しよう

3.1 EXPLAINステートメント

　EXPLAINステートメントはSQLの実行計画についての情報を取得するためのステートメントです。実行計画とは「どのインデックスを使って（あるいは、インデックスを使わずにテーブルスキャンで）クエリーを処理するか」をMySQLが判断した結果のことです。「インデックスはちゃんと使われているだろうか」、「インデックスでどこまでクエリーを効率的に処理できているだろうか」、という疑問が湧いた時には、「とりあえずEXPLAINで」となりますよね。

　ステートメントとしてのEXPLAINのマニュアルは こちら[1] に、EXPLAINの出力結果のカラムの意味については こちら[2] に記載があります。

3.2 EXPLAINの何を見るか

　たとえば、こんな重いクエリーがあったとしましょう。

```
mysql> SELECT COUNT(some_column) FROM some_table WHERE some_column = xxx;
+--------------------+
| COUNT(some_column) |
+--------------------+
|            4791213 |
+--------------------+
1 row in set (1.72 sec)
```

---

[1] http://dev.mysql.com/doc/refman/5.6/ja/explain.html
[2] http://dev.mysql.com/doc/refman/5.6/ja/explain-output.html

「取り敢えず EXPLAIN」を見てみましょう。

```
mysql> EXPLAIN SELECT COUNT(some_column) FROM some_table WHERE some_column = 'xxx';
+----+-------------+-------------+------+---------------------------+---------------+-
| id | select_type | table       | type | possible_keys             | key           |
key_len | ref   | rows    | Extra                    |
+----+-------------+-------------+------+---------------------------+---------------+-
|  1 | SIMPLE      | some_table  | ref  | some_index,another_index  | another_index |
34      | const | 9026812 | Using where; Using index |
+----+-------------+-------------+------+---------------------------+---------------+-
1 row in set (0.00 sec)
```

EXPLAIN は MySQL のオプティマイザーがどの実行計画を選んだかを表示させるステートメントです。

possible_keys からは「MySQL はこのクエリーに対して some_index または another_index が使えると判断した」。

key と key_len からは「実際に使ったのは another_index で、利用したのキー長さは 34 バイト」。

rows からは「**実行計画上**ではこのクエリーは 9026812（約 900 万）行を検査する」。

Extra: Using index からは「テーブルそのものからデータを読み取らず、インデックスだけから読み取るデータで完結する」。

これらのことは EXPLAIN の出力結果から読み取れます。

しかし、another_index が本当にこのクエリーにとって最良の選択なのかは EXPLAIN から読み取ることはできません。ひょっとしたら、some_index の方が速い可能性は十分あります。あるいは、possible_keys に表示されていない（MySQL が「利用できない」と判断した）インデックスの方が効率が良い可能性もないわけではありません（体感ではほぼありませんが、実際にそのようなケースも存在はします）。

また、実行計画上約 900 万行の行を検査することになっていますが、実際に何行検査したのかは読み取れません。統計情報と実際のデータの分布に乖離がある場合、この値もまた乖離することになります。

最後に、これは EXPLAIN を実行した時点で実行計画がこのように選択されたという情報であり、今後統計情報の変化により変更される可能性があります。

3.3　EXPLAINの結果を踏まえて確認すること

それでは、先に挙げた懸念を一つずつ確認していきます。

another_index は本当に最適なインデックスなのか

泥臭い方法ですが、実際に実行してみるのが一番です。

USE INDEX および IGNORE INDEX 構文を使うことで、そのクエリーに利用するインデックスを指定することができます。

```
mysql> EXPLAIN SELECT COUNT(some_column) FROM some_table USE INDEX(some_index) WHERE some_column = 'xxx';
+----+-------------+------------+------+---------------+------------+---------+-------+---------+--------------------------+
| id | select_type | table      | type | possible_keys | key        | key_len | ref   | rows    | Extra                    |
+----+-------------+------------+------+---------------+------------+---------+-------+---------+--------------------------+
|  1 | SIMPLE      | some_table | ref  | some_index    | some_index | 34      | const | 9158986 | Using where; Using index |
+----+-------------+------------+------+---------------+------------+---------+-------+---------+--------------------------+
1 row in set (0.00 sec)

mysql> SELECT COUNT(some_column) FROM some_table USE INDEX(some_index) WHERE some_column = xxx;
+--------------------+
| COUNT(some_column) |
+--------------------+
|            4547278 |
+--------------------+
1 row in set (1.89 sec)
```

USE INDEX は possible_keys の値を書き換える（上書きする）ためのキーワードです。インデックスはコンマ区切りで複数指定可能で、「USE INDEX で指定したインデックスの中から利用するインデックスを決定せよ」というような意味合いになります（通常、指定するインデックスは1つで「このインデックスを利用してクエリーを処理せよ」という意味合いで利用するキーワードですが）。

IGNORE INDEX はその逆で、MySQL が選んだ possible_keys から特定のインデックスを除外します。「possible_keys の選定は MySQL に任せるが、IGNORE INDEX で指定したインデックスは利用してはいけない」というような意味合いになります（よって、テーブル上の全てのインデックスを IGNORE INDEX に指定すると強制的にテーブルスキャンにすることができます）。possible_keys が3つ以上ある場合で、MySQL が次にどのインデックスを選ぼうとするのか知りたい時などに利用できます。

上記の例では、USE INDEX(some_index) で some_index を選ばせた場合は1割程度遅くなったということで、MySQL の選んだ another_index は正しかった、ということが判りました。

実際に実行して試してみる場合、（元のクエリーも試してみるクエリーも）必ずクエリーを複数回実行することを忘れないでください。クエリーの実行速度はバッファプールに大きく依存します。多くの場合、1回目のクエリーはバッファプールが温まっておらず非常に低速です。通常

のトラフィックで多く利用されているインデックスは（それが正しいものであれ間違っているものであれ）どの時間帯でもバッファプールに多く乗っている可能性が高く、1回目のクエリー同士を比較してしまうと結果はバッファプールの偏りに依存することがあるからです。

クエリーは本当に900万行も検査しているのか

そのクエリーがどれだけ行を読み込んだのかは、Handler_% ステータス変数ステータス変数で確認することができます。

ステータス変数[*3]とは、SHOW STATUS ステートメントで参照することのできる、MySQL内部のステータスです（多くはカウンターです）。ステータス変数の多くは「セッションスコープ（接続中のスレッドのみのステータス変数）」と「グローバルスコープ（MySQL の起動から現在まで全てのステータス変数の累計）」があり、それぞれ SHOW SESSION STATUS, SHOW GLOBAL STATUS ステートメントで表示させられます（SESSION または GLOBAL キーワードを省略した場合、セッションスコープの値が出力されます）。

ステータス変数には多くの種類がありますが、ここでは Handler_ で始まるステータス変数を確認しましょう。

```
mysql> FLUSH STATUS;
Query OK, 0 rows affected (0.00 sec)

mysql> SELECT COUNT(some_column) FROM some_table WHERE some_column = xxx;
+--------------------+
| COUNT(some_column) |
+--------------------+
|            4791213 |
+--------------------+
1 row in set (1.72 sec)

mysql> SHOW SESSION STATUS LIKE 'Handler\_%';
+----------------------------+---------+
| Variable_name              | Value   |
+----------------------------+---------+
| Handler_commit             | 1       |
| Handler_delete             | 0       |
| Handler_discover           | 0       |
| Handler_external_lock      | 2       |
| Handler_mrr_init           | 0       |
| Handler_prepare            | 0       |
| Handler_read_first         | 0       |
| Handler_read_key           | 1       |
| Handler_read_last          | 0       |
| Handler_read_next          | 4791438 |
```

[*3] http://dev.mysql.com/doc/refman/5.6/ja/server-status-variables.html

```
| Handler_read_prev          | 0       |
| Handler_read_rnd           | 0       |
| Handler_read_rnd_next      | 0       |
| Handler_rollback           | 0       |
| Handler_savepoint          | 0       |
| Handler_savepoint_rollback | 0       |
| Handler_update             | 0       |
| Handler_write              | 0       |
+----------------------------+---------+
18 rows in set (0.00 sec)
```

FLUSH STATUS ステートメントは、「**セッションスコープのステータス変数** をクリアする（クリアされないものもあります）」ステートメントです。まれにグローバルスコープでステータス変数をクリアすると誤解されているケースがありますが、セッションスコープ限定です。余計な値の混じらない用に、 SHOW SESSION STATUS の前に実行してみました。

各ステータス変数が意味するものの詳細はリファレンスマニュアル[4]に説明を譲りますが、インデックスを利用した行の読み取りを意味する Handler_read_next はおよそ 48 万回コールされていることがここからわかります。

統計情報をもとにオプティマイザーが「行の検査が必要」と判断した行数は 90 万行ですので、見積もりと実際の間には 40 万行の乖離があったことになります。

このような事態は何故発生するのでしょうか。端的には、統計情報は「サンプリング値」をもとに作成されることが原因です。オプティマイザーは統計情報をもとに実行計画を計算しますので、入力値となる統計情報（＝サンプリング値）が間違っている（実際のデータの分布と著しく乖離している）場合、出力である実行計画もまた間違っているものとなる可能性があります。

統計情報が間違っているといえば ANALYZE TABLE ステートメントです。取り敢えず実行してみましょう。

```
mysql> ANALYZE TABLE some_table;
+----------------------+---------+----------+----------+
| Table                | Op      | Msg_type | Msg_text |
+----------------------+---------+----------+----------+
| some_schema.some_table | analyze | status   | OK       |
+----------------------+---------+----------+----------+
1 row in set (0.36 sec)

mysql> EXPLAIN SELECT COUNT(some_column) FROM some_table WHERE some_column = 'xxx';
+----+-------------+-------+------+---------------+-----+
| id | select_type | table | type | possible_keys | key |
key_len | ref | rows | Extra |
+----+-------------+-------+------+---------------+-----+
```

---

[4] http://dev.mysql.com/doc/refman/5.6/ja/server-status-variables.html

```
|  1 | SIMPLE         | some_table | ref  | some_index,another_index | another_index |
 34      | const | 9270576 | Using where; Using index |
+----+-------------+------------+------+--------------------------+---------------+-
1 row in set (0.00 sec)
```

残念ながら結果は大して変わりませんでした。

この理由は 2 つ考えられます。

1. InnoDB はデフォルトの設定で「前回の統計情報の更新から累計してテーブル全体の 10% 以上（MySQL 5.5 とそれ以前は 6.25%）が更新された場合、バックグラウンド（非同期）で統計情報を再作成する」ようになっている
2. InnoDB のサンプリングの設定は MySQL 5.5 とそれ以前では 1 インデックスあたり 8 ページ（ハードコード）、MySQL 5.6 では 1 インデックスあたり 20 ページ（設定可能）です。InnoDB ページのデフォルトは 16kB ですので、1 つのインデックスのサイズが数十 GB、100GB を超えたとしても、デフォルトのままでは 128kB〜320kB 程度しかサンプルを取りません。これはインデックスのサイズがせいぜい数 MB であれば十分な精度ですが、サイズが大きくなるに従いだんだん精度が悪く（＝統計情報が間違いやすく）なっていきます。

まず 1. の通り、トラフィックの流れている環境であればバックグラウンドで統計情報の再作成が頻繁に行われているため、強制的に統計情報の再作成を行わせる ANALYZE TABLE を実行しても大きな変化はなかったと考えられます。閾値にギリギリで届かないような更新量でない限りは、 ANALYZE TABLE の実行によって大きく実行計画が変わることはまれです（ただし、これは InnoDB に限ります。MyISAM の場合はバックグラウンドで統計情報を再作成する機能は存在しないため、 ANALYZE TABLE を実行するまで統計情報は古いままです）。

そして 2. の通り、インデックスのサイズが大きくなれば大きくなるほど InnoDB の統計情報の誤差は大きくなります。MySQL 5.6 とそれ以降では、1 インデックスあたりのサンプリングページ数を innodb_stats_persistent_sample_pages[*5] オプションで指定、または CREATE TABLE や ALTER TABLE でテーブルごとに指定することができるようになりましたのでこれを大きくすることも手ですが、サンプリングのページ数が増えれば統計情報の再作成処理も重くなりますので、最適な値を見つける必要があるでしょう。

Handler_% ステータス変数と EXPLAIN の rows が大きく乖離している場合、「ベースとなる統

[*5] http://dev.mysql.com/doc/refman/5.6/ja/innodb-parameters.html#sysvar_innodb_stats_persistent_sample_pages

計情報が間違っているためオプティマイザーが導き出した実行計画もまた間違っている」可能性があることを考慮してください（ただし、オプティマイザーの精度が上がっても、同じインデックスを利用している限りクエリーそのものの速度は向上しないことに注意してください）。

その Extra は本当に望ましいのか

EXPLAIN の見方を説明している時によく聞かれる質問として「 Extra に"Using index"（ほかにも"Using intersect"や"Using temporary"など）が出ていますがこれは直した方が良いですか？」というものがあります。

正直これはケースバイケースで、全てのケースを説明するわけにはいきません。

まずはマニュアルの EXPLAIN の追加情報[6]を参照してください。意味的なものはここにほぼ網羅されています。

Extra 列の出力しうる表示はたくさんありますが、比較的よく目にする 3 つに絞って説明したいと思います。

Using filesort

"Using filesort"は、行のフェッチと評価のあとに追加でクイックソートが発生していることを示します。

この時のクエリーの処理シーケンスは以下のようになっています。

```
while (1 行読む)
{
    /* 行を読み込み、評価し、条件にマッチしたものをソートバッファに詰める */
}
ソート処理;
```

MySQL のソートは（filesort と出力されてはいますが、必ずしもテンポラリーファイルを使用するとは限りません）クイックソートです。クイックソートの平均計算時間が示す通り、ソート処理はソート対象の行が多くなれば多くなるほど（線形以上に）遅くなっていきます。また、インデックスを利用したソートの無効化（インデックスが既にソート済みの状態で並べられているため、追加のソートが必要ない状態）は LIMIT 句での最適化が効きますが、クイックソートが実行される場合にはこの最適化は効かせられません。

WHERE 句で絞り込んだ結果が十分小さい場合はこれが出力されても特に問題にはならないでしょう。絞り込んだ結果が段々大きくなる（例えばユーザーコンテンツなどは時間経過とともに

---

[6] http://dev.mysql.com/doc/refman/5.6/ja/explain-output.html#explain-extra-information

どんどん増えていくのが常です）場合は注意が必要です。

Using index

　MySQL のインデックスはほぼ B+Tree です。MySQL の B+Tree インデックスのリーフには「テーブル内での行の位置」が記録されています（MyISAM であれば.MYD ファイルの先頭からオフセットバイト数、InnoDB であればクラスターインデックスの値が記録されています）。

　そのため、インデックスを利用した行フェッチを行う際には、

1. インデックス上から条件にマッチするリーフを探す
2. インデックスのリーフ上に書かれた情報から行の位置を探す
3. 行をフェッチする

の 3 ステップで行われます。

　Using index が示すものは、インデックス上に書かれた情報だけで（インデックスは「ソート済みのデータの複製（サブセット）」ですので、インデックスを作成したカラムの値を含んでいます）要求された情報の取り出しが終了したため、2. と 3. のステップを省略した、というものです。

　大概の場合悪い意味ではありませんが、「100 バイトのインデックスを 100 リーフ読んで Using index」と「4 バイトのインデックスを 10 リーフ読んで各 10 バイトの行を 10 行フェッチ」というケースもあります（さすがにここまで極端な例はないと思いますが、必ずしも最良を表すものではありませんということで）。

Using temporary

　"Using temporary"はソートのために暗黙の（ CREATE TEMPORARY TABLE ステートメントで作成するテンポラリーテーブルに対し「暗黙の」としています）テンポラリーテーブルを利用していることを示します。

　単にインデックスがないカラムでソート、インデックスがあっても関数や演算子を利用した結果でのソートはクイックソートで済みますが、集計関数を利用した結果でのソートは暗黙のテンポラリーテーブルが必要になります（テンポラリーテーブルを作成した後、クイックソートです）。また、昇順（ASC）と降順（DESC）が混じったソートは暗黙のテンポラリーテーブルを使用することも MySQL では有名です。

　暗黙のテンポラリーテーブルは一定のサイズ（ max_heap_table_size, tmp_table_sizez のいずれか小さい方）を超えると、MyISAM（5.7 ではデフォルトで InnoDB）としてストレージ

3.4 EXPLAINの変更点

EXPLAINステートメントはずっと昔からあり、利用用途も変わっていませんが、MySQL 5.6と5.7でそれぞれ少しずつ機能の追加がされていますので紹介します。

MySQL 5.6での変更

- DELETE, INSERT, REPLACE, UPDATEステートメントがEXPLAINできるようになりました。5.5とそれ以前のバージョンでは、SELECTのみEXPLAINにかけることができました。
- EXPLAIN format=json .. がサポートされました。format=jsonキーワードを指定することで、出力が少し増えたものがJSON形式で返ってくるようになります。また、EXTENDEDキーワードを指定した時と同じように最適化後のSQLをワーニングバッファに格納します。

MySQL 5.7での変更

- EXTENDEDキーワードとPARTITIONSキーワードがデフォルトで指定された状態になりました。MySQL 5.6とそれ以前ではこれらは同時に指定できませんでした。
- EXPLAIN FOR CONNECTION n 構文がサポートされました。"n"にSHOW PROCESSLISTで出力される"Id"を指定することで、現在実行中のステートメントを（コピー＆ペーストすることなく）EXPLAINすることができます。

3.5 まとめ

EXPLAINはSQLの実行計画についての情報を取得するためのステートメントです。EXPLAINの結果はその時点で実行計画がこのように選択されたという情報であり、統計情報の変化により変更される可能性があります。InnoDBの統計情報はサンプリングのため、テーブルが大きくなると統計情報と実際の値の分布が異なってくる傾向があります。

利用されているインデックスが最適なものかどうかは、USE INDEX, IGNORE INDEX句を利用して実際に比べてみるのが一番です。

一概には言えませんが、"Using filesort", "Using temporary" は WHERE 句で絞り込んだ後の結果セットが大きくなるほど遅くなっていきますので注意しましょう。

第4章 「PMP for Cacti」でMySQLのステータスを可視化する

4.1 PMP (Percona Monigoring Plugins) とは

pt-query-digest（Percona Tookit）でもおなじみの Percona 社[*1] が開発、配布している監視プラグインです。MySQL（RDS 用のものもあります）以外に Apache, JMX, Linxu の基本項目, MongoDB, Nginx, redis 監視用のテンプレートも含まれています。

今回紹介するのは PMP for Cacti ですが、リソースモニタリングの for Cacti, for Zabbix の他に、Percona Toolkit と連携することで単純な死活監視に留まらない監視を提供する PMP for Nagios も存在します。詳細は Percona Monitoring Plugins[*2] から確認できます。2016 年 4 月現在の最新版は PMP 1.1.6 です。

既に Cacti を運用している環境であれば、PMP for Cacti を導入することで、収集する情報が一挙に増えます。リソースモニタリングは「取っていない情報はさかのぼることができない」が原則なので、特に手間をかけずに収集するメトリックスが増えるのは嬉しいことです（ただしRRD に対する書き込みも増えることには留意してください）。

4.2 PMP for Cactiのインストール

今回は Cacti そのもののインストールについて詳しくは触れません。Cacti は既にセットアッ

[*1] https://www.percona.com/
[*2] https://www.percona.com/doc/percona-monitoring-plugins/1.1/index.html

プ済みのものとして説明を進めます。

yum, apt リポジトリーを利用したインストール

　Percona Toolkit 同様、PMP for Cacti も Percona の yum リポジトリー、apt リポジトリーからインストールすることができます。Percona のリポジトリーの登録については第 2 章で説明しているので割愛しコマンドのみ例示します。

　CentOS においては Cacti のセットアップ前に Percona のリポジトリーをセットアップしてしまうと、 cacti パッケージの依存関係により Percona-Server-client-57, Percona-server-shared-57, Percona-Server-shared-51 がインストールされました。Percona Server 5.7 のライブラリーがインストールされてしまうため、同じサーバーに Cacti 用の MySQL を yum でインストールしようとした場合、Percona-Server-server-57 を利用することになります。5.7 では sql_mode のデフォルトが変更されたため、そのままでは Cacti を動かすことができませんので注意してください。

　yum リポジトリー、apt リポジトリーとも、PMP for Cacti のパッケージ名は percona-cacti-templates です。

```
$ sudo yum install
http://www.percona.com/downloads/percona-release/redhat/0.1-3/percona-release-0.1-3
.noarch.rpm
$ sudo yum install percona-cacti-templates
```

　Debian 8 では以下です。

```
$ wget https://repo.percona.com/apt/percona-release_0.1-3.$(lsb_release -sc)_all.deb
$ sudo dpkg -i percona-release_0.1-3.$(lsb_release -sc)_all.deb
$ sudo apt-get update
$ sudo apt-get install percona-cacti-templates
```

その他のインストール方法

　Percona Toolkit 同様、PMP for Cacti も rpm, dpkg を直接インストールする方法、ソースコードからインストールすることもできます（説明は割愛します）。

　ダウンロードページは こちら[*3] です。

[*3]　https://www.percona.com/downloads/percona-monitoring-plugins/

4.3　MySQL監視テンプレートの登録

　PMP for Cacti のパッケージをインストールするだけではテンプレートは有効になりません。コマンド（Cacti に同梱されている import_template.php）を利用して登録する必要があります。

　テンプレートの登録に必要な XML ファイルは /usr/share/cacti/resource/percona/templates ディレクトリーにインストールされています。

```
$ ls -l /usr/share/cacti/resource/percona/templates/
total 1892
-rw-r--r-- 1 root root  74554 Jan 11 10:39
cacti_host_template_percona_apache_server_ht_0.8.6i-sver1.1.6.xml
-rw-r--r-- 1 root root 104933 Jan 11 10:39
cacti_host_template_percona_galera_server_ht_0.8.6i-sver1.1.6.xml
-rw-r--r-- 1 root root 273814 Jan 11 10:39
cacti_host_template_percona_gnu_linux_server_ht_0.8.6i-sver1.1.6.xml
-rw-r--r-- 1 root root  54091 Jan 11 10:39
cacti_host_template_percona_jmx_server_ht_0.8.6i-sver1.1.6.xml
-rw-r--r-- 1 root root  76166 Jan 11 10:39
cacti_host_template_percona_memcached_server_ht_0.8.6i-sver1.1.6.xml
-rw-r--r-- 1 root root  93264 Jan 11 10:39
cacti_host_template_percona_mongodb_server_ht_0.8.6i-sver1.1.6.xml
-rw-r--r-- 1 root root 888147 Jan 11 10:39
cacti_host_template_percona_mysql_server_ht_0.8.6i-sver1.1.6.xml
-rw-r--r-- 1 root root  42607 Jan 11 10:39
cacti_host_template_percona_nginx_server_ht_0.8.6i-sver1.1.6.xml
-rw-r--r-- 1 root root 169753 Jan 11 10:39
cacti_host_template_percona_openvz_server_ht_0.8.6i-sver1.1.6.xml
-rw-r--r-- 1 root root  99944 Jan 11 10:39
cacti_host_template_percona_rds_server_ht_0.8.6i-sver1.1.6.xml
-rw-r--r-- 1 root root  37873 Jan 11 10:39
cacti_host_template_percona_redis_server_ht_0.8.6i-sver1.1.6.xml
```

　「PMPとは」の段落で少し触れましたが、PMP for Cacti には MySQL 以外の監視テンプレートも含まれています。MySQL 以外の監視テンプレートをインストールしたい場合は、以下のコマンド例の XML ファイルを指定している部分を変更してください。

```
$ sudo php /usr/share/cacti/cli/import_template.php
--filename=/usr/share/cacti/resource/percona/templates/cacti_host_template_percona
_mysql_server_ht_0.8.6i-sver1.1.6.xml --with-user-rras='0:1:2:3:4'
using RRA Daily (5 Minute Average)
using RRA Weekly (30 Minute Average)
using RRA Monthly (2 Hour Average)
using RRA Yearly (1 Day Average)
Read 888147 bytes of XML data
..
** Host Template
```

第 4 章 「PMP for Cacti」で MySQL のステータスを可視化する

```
[success] Percona MySQL Server HT  [update]
```

"CDEF"、"GPRINT Preset"、"Data Input Method"、"Data template"、"Graph Template"、"Host Template"の全てが "[success]" で終了すれば登録完了です。

コマンドで登録前には以下のようだった "Data Input Method" が

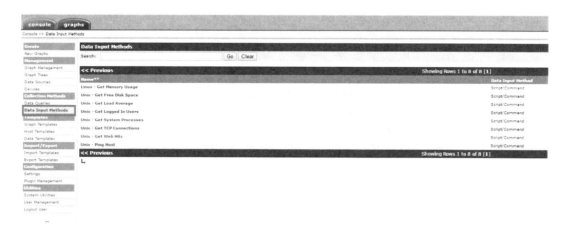

このように追加されています。

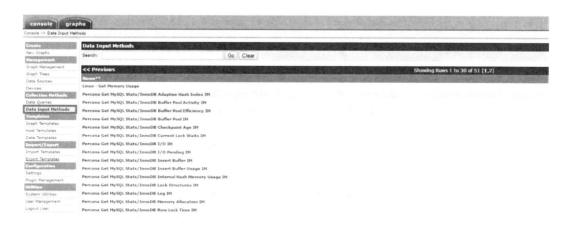

その他 "Host Templates" や "Graph Templates" も MySQL 用のものがインポートされたことを確認できます。

4.4 データテンプレートの調整

PMP for Cactiで追加されるデータテンプレートには、「監視対象のMySQLのポート」や「監視対象のMySQLのログインアカウント、パスワード」に関する情報が設定されていません。

そのため、WEB画面でデータテンプレートを編集し、"Password","Username"を設定し（サーバーごとに違うユーザー名とパスワードを使用する場合は、チェックボックスにもチェックを入れてください）、"Port"の"Use Per-Data Source Value (Ignore this Value)"にチェックを入れておく必要があります（"Hostname"は登録時にIPアドレスが自動で引き渡されるためそのままで構いません）。

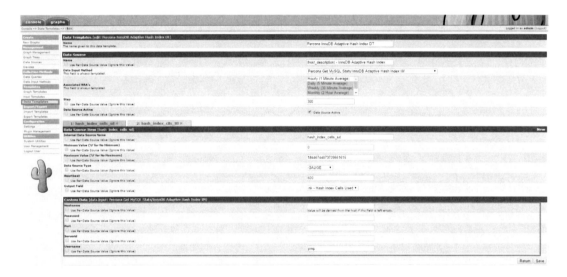

筆者はこれ（全データテンプレート分実施する必要があります）が面倒だったため、Cactiのテーブルを直接書き換えることにしました。

```
mysql> UPDATE data_input_fields JOIN data_input_data ON data_input_fields.id=
data_input_data.data_input_field_id JOIN data_input ON
data_input_fields.data_input_id = data_input.id
    -> SET data_input_data.value = 'pmp' WHERE data_input.name LIKE 'Percona %' AND
data_input_fields.name = 'Username';

mysql> UPDATE data_input_fields JOIN data_input_data ON data_input_fields.id=
data_input_data.data_input_field_id JOIN data_input ON
data_input_fields.data_input_id = data_input.id
    -> SET data_input_data.value = 'pmp_pass' WHERE data_input.name LIKE 'Percona %'
AND data_input_fields.name = 'Password';
```

第 4 章　「PMP for Cacti」で MySQL のステータスを可視化する

```
mysql> UPDATE data_input_fields JOIN data_input_data ON data_input_fields.id=
data_input_data.data_input_field_id JOIN data_input ON
data_input_fields.data_input_id = data_input.id
    -> SET data_input_data.value = '3306', data_input_data.t_value = 'on' WHERE
data_input.name LIKE 'Percona %' AND data_input_fields.name = 'Port';
```

　筆者がテスト用に作成した環境ではこのクエリーで PMP for Cacti の MySQL テンプレートを一括で設定することができましたが、その他の環境で正しく動作するかどうかは保証できません。設定を変更する場合には十分注意してください。

4.5　監視対象ホストの登録

　PMP for Cacti の準備が整ったところで、監視される側の MySQL に必要な設定をします。
　具体的には、Cacti のサーバーからログインできるユーザーが必要です。今回筆者が容易した Cacti サーバーの IP アドレスは "172.17.1.145"、監視対象となる MySQL は "172.17.1.144" でした。監視対象の MySQL にログインして、"172.17.1.145" からアクセス可能な "pmp" ユーザーを作成してみました（"pmp" ユーザーと "pmp_pass" というパスワードは、前の段落で設定した値です）。

```
mysql> CREATE USER pmp@172.17.1.145 IDENTIFIED BY 'pmp_pass';
Query OK, 0 rows affected (0.00 sec)
```

　CREATE USER のみで何の権限も割り当てていませんが、まずはこの状態でホストを登録してみることにします。左メニューの "Devices" を選択、右画面右上の "Add" からデバイスの追加メニューを表示させ、以下のように入力してみます。"Host Template" = "Percona MySQL Server HT" が今回追加したホストテンプレートで、PMP for Cacti の MySQL 用のグラフが一式紐付けられています。

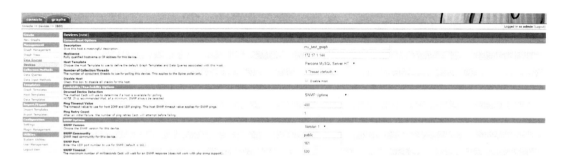

4.5 監視対象ホストの登録

"Create" を選択した後、"Create Graphs for this Host" のリンクを辿ると、ホストテンプレートに予め割り当てられたグラフテンプレートの一覧が表示されます。

ひとまず全てのグラフを選択して "Create" に進みます。

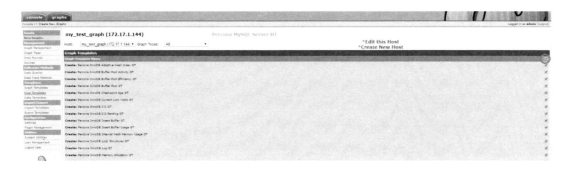

遷移した画面では、"Port" を入力するように表示されました。これは、前の段落で "Use Per-Data Source Value (Ignore this Value)" にチェックを入れた項目だけが表示されます（クエリー上では data_input_data.t_value = 'on' がこれに相当します）。"User", "Password" に関してもチェックを入れていれば、この段階で設定することになります。あるいはポートを可変にせずチェックを入れなかった場合、この画面は表示されません。

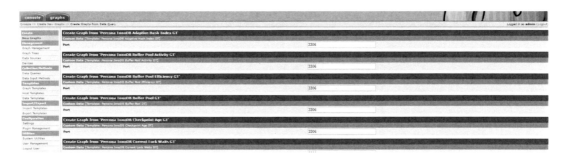

ポート番号を入力し終えたら、ページ右下の "Create" を選択することで今度こそグラフ描画用のデータ収集が始まります。データが揃うまではグラフは描画されませんので、しばらく待っている間に監視ユーザー（今回の例では"pmp"ユーザー）に必要な権限について説明しておきましょう。

4.6 監視ユーザーに必要な権限

前の章では "pmp" ユーザーには何の権限も割り当てていませんでした。PMP for Cacti で取得できるグラフは種類が多く、ある程度グラフごとに必要な権限が分かれています。

必要な権限の詳細なリストは Percona MySQL Monitoring Template for Cacti[4] に記載がありますが、ざっくりと説明すると

- ステータス関連（コマンドの実行回数や、テンポラリーテーブル作成回数など）.. 特別な権限は必要なし
- スレーブ関連（スレーブの遅延、リレーログのサイズなど）.. REPLICATION CLIENT 権限
- マスターのバイナリーログのサイズ .. SUPER 権限
- プロセスリスト関連 .. PROCESSLIST 権限
- InnoDB 内部のステータス関連 .. PROCESSLIST 権限

が必要になります。スレーブ関連とプロセスリスト関連は有用な情報になるため、REPLICATION CLIENT と PROCESSLIST はつけておいた方が良いでしょう。バイナリーログのサイズのサイズは SUPER を付与してまで見たい情報かどうかと問われると筆者には否です（実際にグラフを確認して判断してください）。

InnoDB 内部のステータス関連を描画するのに PROCESSLIST 権限が必要なのは少し不思議な感じがするかも知れませんが、これは PMP for Cacti が内部的に SHOW ENGINE INNODB STATUS ステートメントを利用して InnoDB の内部ステータスを取得しているためです（ステートメントが「処理中のトランザクション」を表示するため、 PROCESSLIST 権限が必要と内部的に制御されています）。

このあたりを鑑みた上で、前の章で作成した "pmp" ユーザーに権限を追加してください。

4.7 グラフの読み取り方のポイント

個々のグラフの読み解き方は本書のスコープから外れる（と思っている）ので説明しませんが、基本的には同じ名前のステータス変数がある（SHOW GLOBAL STATUS ステートメントで出力される内容と似通っている）か、 SHOW ENGINE INNODB STATUS で出力される項目に似通ってい

---

[4] https://www.percona.com/doc/percona-monitoring-plugins/1.1/cacti/mysql-templates.html#mysql-templates-user-privileges

4.7 グラフの読み取り方のポイント

るため、それ程迷うことはないでしょう。

PMP for Cacti を上手く運用していくコツは、

- 絶対値に惑わされない

グラフの縦軸には目盛りが振ってありますが、ほとんどの場合この数字を気にする必要はありません。2000 QPS（Query Per Sec）が「ギリギリの値」か「まだ十分余裕のある値」かどうかは、ハードウェアの性能にもよりますし、SELECT ステートメントの内容にもよります。重要なのは、その 2000 QPS が「通常時の値」なのか「サービスのボトムライン」なのか「バーストトラフィック時の値」なのか、また 2000 QPS をさばいている状態で「レスポンスタイムは良好」か「スローダウンが始まっている」かなど、周囲の状況と照らし合わせてデータベースの状況を把握することです。

なお、Cacti のポーリング間隔は最小でも 1 分で、グラフ上は毎秒の値が出ますので、ごく小さい値しか返さないステータス変数は 1 未満の値が表示されるこことがあります。

- 問題が起きていなくてもたまには見る

MySQL が平和に動いている時はあまり気にならないものですが、たまには何も考えずにグラフ画面を開くのも良いものです。相変わらずこの MySQL は間っ平だな。こっちは相変わらず忙しそう…おや、昨日の 16 時から Handler Read Rnd Next が跳ね上がっているぞ？ 誰だこのリリースしたのは。インデックス使えてないじゃん。平和なうちに足しておこう…なんてことがあるかも知れません（フィクションです）。何となく平常の動き（何時くらいから何時くらいにかけてトラフィックが増えて、何時くらいにバッチが走って…バッチの時の INSERT のピークは 200 QPS くらいかなぁ…とか）を見ておくだけでも、有事の時の判断材料になることがあります。

- たまには長い期間で見る

データは日々増え続け、クエリーも日々増えたり変わったりします。1 日に 0.5% ずつスキャンする行数が増えていても 24 時間スパンのグラフでは気が付かなかったりしますが、3 か月スパンで見れば気が付く確率は高くなるでしょう（90 日同じペースで増え続けると、1.5 倍以上になります）。…おやこの MySQL、毎月月初に Bytes sent ががくんと減って月末に向けてだんだん増えていくな。。まさか結果セット全部転送…（フィクションです）。

- 時間をかけ過ぎない

PMP for Cacti は色々な情報を収集してくれますが、それでも情報の粒度が荒すぎることは多々あります。Cacti は 1 分に 1 回しかポーリングしてくれないためそれより小さい粒度の情報が欲しい時に Cacti のグラフを眺め続けていても良いことはありませんし、何かの兆候を如実に表すステータス変数があったとしてもそれが PMP for Cacti によって収集されているとは限りません（あるいは、グラフにされる時に丸められてしまっているかも知れません）。筆者は PMP for Cacti の一番のメリットは「あまり手間をかけずにそれなりの情報が見やすく得られること」だと考えています。手間をかけても良い（あるいは、手間をかけてでも調べなければならない）のであれば、PMP にこだわる必要はありません。

4.8　まとめ

　PMP for Cacti は既に Cacti を運用している人にとっては導入しやすく、「手軽にそれなりの情報が得られるツール」となりえます。しかし万能ではありませんので、Cacti 以外の何かを運用している場合に無理に導入するようなものではありません。自身に合ったツールを見つけてください。

　グラフを確認する時は、縦軸の絶対値よりも相対的な変化に目を配った方が良いでしょう。グラフ期間を長くすることで、短いスパンのグラフでは見えてこなかった大きな動きが見えることもあります。

第5章　MySQLのリアルタイムモニタリングにinnotop

5.1　innotopとは

　innotopとはMySQLのクエリー実行状況やステータス変数の変化などをtopコマンド風に出力してくれる、Perlで書かれたスクリプトです。

　中身は非常にシンプル（SHOW GLOBAL STATUSやSHOW ENGINE INNODB STATUSなどをパースして差分表示するだけ）ですが、topライクなインターフェイスはリアルタイムモニタリングと相性が良く、非常に直観的でわかりやすい情報を提供してくれます。

　筆者はこれを「稼働中のサービスに対してALTER TABLE（またはpt-online-schema-change）をかける際の負荷モニター」や「MySQLが高負荷状態になっている時の状況確認」などによく利用しています。いかにもtopコマンドと同じような使い方です。

innotopの開発とメンテナンスについて

　innotopの立ち位置は少し微妙です。

　innotopはかつてGoogle Codeにホスティングされていましたが、Google Codeのサービス終了に伴いGitHubに移行しました。Google Code時代にはrpmパッケージも配布されていましたが、2016/05/05現在ではGitHub[*1]上でタグやリリースは作成されていません。Issueへの対応も活発とは言い難く、今後どのようにメンテナンスされていくのかが気になるところです。

　…と、本記事を執筆し始めた時点ではMySQL 5.7へのサポートが不完全で全ての機能を利用

---

*1 https://github.com/innotop/innotop

することはできませんでしたが、2016/05 の間に MySQL 5.7 関連のいくつかの Pull-Request がマージされ、現在では息を吹き返しつつある感があります。

- Added support for replication channels under MySQL 5.7[*2]
- Fix broken test for 5.7[*3]
- fixed crashes on the T and L modes.[*4]

5.2　innotopのインストール

　Debian 系では初期設定リポジトリーの `mysql-client` パッケージに、RHEL 系では epel リポジトリーに innotop パッケージがあり、それぞれ利用することができます。

- Debian 8 で確認

```
$ sudo apt-get install mysql-client
..
$ dpkg -S /usr/bin/innotop
mysql-client-5.5: /usr/bin/innotop
```

- CentOS 6.6 で確認

```
$ sudo yum install epel-release
..
$ sudo yum install innotop
..
$ rpm -qf /usr/bin/innotop
innotop-1.10.0-0.3.81da83f.el6.noarch
```

　GitHub のリポジトリーからインストールする場合は以下のようになります。Perl および ExtUtils::MakeMaker, DBD::mysql, Term::ReadKey モジュールが必要です。

```
$ git clone https://github.com/innotop/innotop.git
$ cd innotop
$ perl Makefile.PL
```

[*2] https://github.com/innotop/innotop/pull/129
[*3] https://github.com/innotop/innotop/pull/135
[*4] https://github.com/innotop/innotop/pull/137

```
$ make
$ sudo make install
```

上記の手順ではモジュールのチェックと /usr/local/bin へのファイルコピー、manpage の追加などを行っているだけのため、それらが不要で取り敢えず動くだけで良いのであれば innotop のファイルをそのまま実行するだけでも問題ありません。

5.3 接続先を指定するオプション

innotop から MySQL に接続するためのオプションは、パスワードの対話入力を除いて mysql コマンドと同じものが使用できます。

オプションの意味	オプション
MySQL アカウントの指定	-u または --user
認証用パスワードの指定	-p または --password（引数あり）
接続先 IP アドレス	-h または --host
接続先ポート	-P または --port
ソケットファイルの指定	-S または --socket

ただし、mysql コマンドでは引数なしで -p または --password でパスワードの対話式入力が指定できますが、innotop では --askpass オプションを利用します。

5.4 リアルタイムモニタリングに関する操作

top ライクな画面で innotop を利用するためのオプションは多くありません。ほとんどの表示切り替え操作は innotop を起動後に行います（インターバルの変更も起動後に行えます）。

非インタラクティブモードは innotop をバックグラウンドで利用するためのモードです（top コマンドの -b オプション（バッチモード）に近いです）。表示する画面によっては、vmstat コマンドのように利用することも可能です。

オプションの意味	オプション
モニタリングのインターバル	-d または --delay
非インタラクティブモード	-n または --noint

以下の説明の中で表記するキーは大文字小文字を区別します。

第 5 章　MySQL のリアルタイムモニタリングに innotop

ダッシュボード画面

　特にコンフィグファイルやオプションで指定せず、通常モード（非インタラクティブモードでない）で innotop を起動した場合、最初にダッシュボード画面が表示されます。

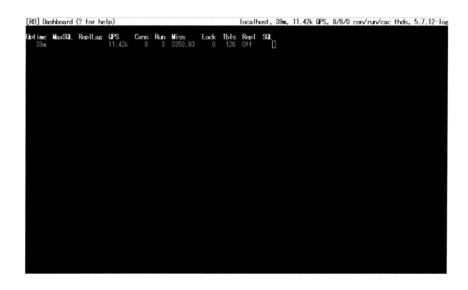

　top ライクな画面でダッシュボードというのも変な気分がしますが、これは innotop が「複数の MySQL サーバーにコネクションを張り、innotop 内でそれらを切り替えながら見ることができる」ためです。スクリーンショットには 1 つの MySQL しか表示されていませんが、複数の MySQL に接続した場合は複数行並んで表示されます。たとえば、マスターとスレーブを 1 つのグループとしてまとめて設定（~/.innotop/innotop.conf に記録）しておくことでダッシュボード画面からレプリケーションの系全体を眺めるなどのユースケースがあるのかと思いますが、筆者はこの方法ではなく、tmux を利用して複数のサーバーに同時にログイン、各サーバー上で innotop を起動させています。これは、innotop の全ての機能を使うには root ユーザーの方が都合が良いことや、innotop と合わせて dstat を起動しておくことが多いためです。また、innotop も複数の画面（たとえば、レプリケーションステータスと InnoDB バッファプール）を一度に見たい場合も、tmux であれば簡単に画面を分割し、innotop を複数起動することができます。

　キーは **A** が割り当てられていますが、筆者は上記のような使い方もあり、この画面に好んで戻ってくることはありません。

クエリー画面

innotop で筆者がよく使う画面といえば、**Q** キーで遷移できるクエリー画面です。

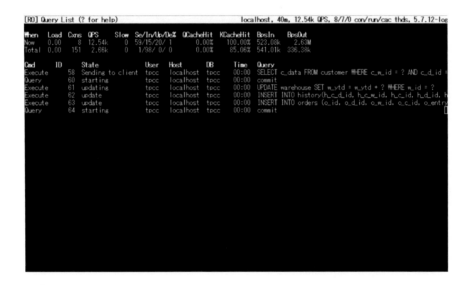

クエリー画面は SHOW PROCESSLIST ステートメントの出力結果をパースして top ライクに表示してくれます。モニタリングのインターバル（-d オプションまたは **d** キーの押下で設定できます）ごとに、現在実行されているクエリーの一覧が更新されます。この際、State が Sleep のスレッドは除外して表示してくれる、クエリーの実行時間（Time の値）に応じて文字色を変更してくれるなど、少しずつ便利な機能が含まれています。

クエリー画面から利用できるキーシーケンスとしては **e** キーによる EXPLAIN（**e** キーの押下

後、スレッド ID を入力するプロンプトが表示されます)、k キーによる KILL ステートメント
(同じくスレッド ID を入力するプロンプトが表示されます) があります。デフォルトのソート順
は Time カラムの降順ですが、s キーの押下でソートするカラムを変更することができます。

InnoDB バッファプール画面

次に、B キーの InnoDB バッファプール画面を見てみましょう。

SHOW ENGINE INNODB STATUS の "BUFFER POOL AND MEMORY" セクションをパースし
た結果が表示されます。この画面で表示される項目はほぼ SHOW ENGINE INNODB STATUS の結
果のままなので、特に説明は要らないと思います。

InnoDB I/O 画面

続いて I キーの InnoDB I/O 画面です。

innodb_read_io_threads, innodb_write_io_threads を大きくしている場合は画面が少し
狭く感じるかも知れません。筆者は Log Statistics を見るためにこの画面をよく呼び出します
が、Log Statistics は i キーによる増分表示に **対応していない** ため、少し残念に思っています。

InnoDB Lock 画面

L キーの押下で InnoDB Lock 画面に遷移できます。

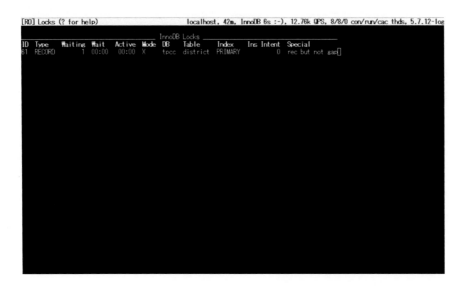

L キーの InnoDB Lock 画面では information_schema.INNODB_LOCKS テーブルを一覧します。かの有名なビューのように、 information_schema.INNODB_LOCK_WAITS, information_schema.INNODB_TRX テーブルなどと JOIN してブロックしているクエリーとブロックされているクエリーの一覧を見る場合には **K** キーの InnoDB Lock Waits 画面を使い

ます（どちらの画面も、クエリー画面と同じように k キーで KILL ステートメントを呼び出せ
ます）。

レプリケーション画面

M キーでは SHOW SLAVE STATUS と SHOW MASTER STATUS の出力結果を見ることができま
す（以下の参考画面は、段落の冒頭で説明したように tmux コマンドと組み合わせて上段がマス
ター、下段がスレーブでそれぞれ innotop を起動しています）。

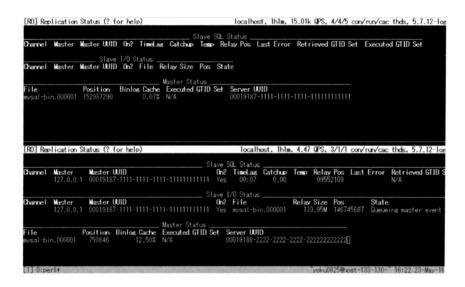

マスター側では SHOW SLAVE STATUS をパースして得られる上の 2 段（Slave SQL Status,
Slave I/O Status）が空になっています。スレーブ側の Master Status に表示されているのは、
スレーブから見たマスターの状態 **ではなく**、スレーブ上で SHOW MASTER STATUS を実行した結
果ですので注意してください。

スレーブ側の Slave SQL Status には TimeLag（Seconds_Behind_Master の値）や Catchup
（前回の TimeLag との差分を時間で割ったもの）が含まれており、レプリケーションの様子を気
にしながら流すバッチのお供としては最適です。

InnoDB Row 画面

R キーで見られる InnoDB Row 画面には、SHOW ENGINE INNODB STATUS でよく見る類のカ
ウンターが集まっています。

5.4 リアルタイムモニタリングに関する操作

　MySQL 5.5 とそれ以前の時代は、Innodb_rows_inserted の値から ALTER TABLE の進捗を確認するテクニックもありましたが、MySQL 5.6 以降のオンライン ALTER TABLE では Innodb_rows_inserted がカウントアップされなくなったため（INPLACE ALTER TABLE になったため）、以前ほどこの画面を眺め続けることは多くなくなりました。

InnoDB Transaction 画面

Tキーではトランザクションの一覧を見ることができますが、これはinformation_schema.INNODB_TRX テーブルのものでは**なく**、SHOW ENGINE INNODB STATUSの "TRANSACTIONS" セクションをパースしたものになっています。

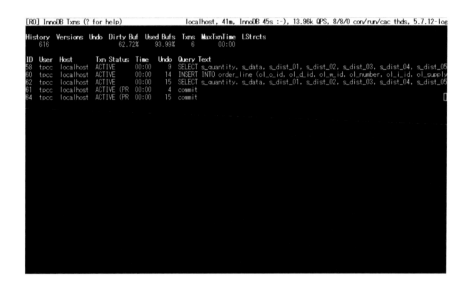

そのため個々のクエリーのUNDOログの数まで見られるようになっており、大きなトランザクションがロールバックしている時に役立ちます（本当はこれが役立つ事態が起こらない方が嬉しいのですが）。

ヘルプ画面

今までのスクリーンショットにも含まれていましたが、innotopの画面を起動しているとヘッダー部分に "(? for help)" と表示されています。それに従い?キーを押下すると、どのモードに遷移するためにはどのキーを押下するかなどの情報が表示されます。

迷った時に?キー、とだけ憶えておくのが良いと思います（画面に常に出ているので憶える必要すらありませんが）。

5.5 非インタラクティブモードでの利用について

　非インタラクティブモードは innotop をバックグラウンドで利用するためのモードと説明しましたが、実際に使いどころはあまり多くありません。多くの（ステータス変数をモニタリングしたい）場合は、mysql コマンドラインクライアントをそのまま利用したシェルスクリプトをバックグラウンドで動かしておけばそれで十分ですし、間隔が長く丸めが許容できるレベルでモニタリングしておきたい場合は第4章で紹介したように、Cacti などのグラフ化ツールを利用する方が有効です。

　しかしながら、「一晩だけ、1秒感覚で Seconds_Behind_Master の値を監視していたい」など、ユースケースが合えば利用しやすいことも事実です。

　innotop を非インタラクティブモードで利用するには、以下のようにします。

```
$ innotop -S/path/to/socket/file -uroot -pxxxx -d 1 -n -tt -m M
2016-05-23T18:54:59 master_host      slave_sql_running     time_behind_master
slave_catchup_rate       slave_open_temp_tables   relay_log_pos    last_error
2016-05-23T18:54:59 xxx.yyy.zzz.aaa       Yes       00:00    0.00    0    182023897
2016-05-23T18:55:00 xxx.yyy.zzz.aaa       Yes       00:00    0.00    0    182034599
2016-05-23T18:55:01 xxx.yyy.zzz.aaa       Yes       00:00    0.00    0    182043888
..
```

　-n オプションが非インタラクティブモードを指定するオプションで、-tt は1行ごとに時間も出力させるオプション、-m で画面を指定します（-m に渡すアルファベットは、インタラクティブモードで起動中の innotop 内で画面を切り替えるキーと同じです）。-m K（InnoDB Lock

Wait 画面、ロック待ちがあった時のみ表示) や -m C (コマンド画面、SHOW GLOBAL STATUS LIKE 'Com_%' を差分つきで表示) や -m M (レプリケーション画面) などでは使いどころがありそうな気がします。

5.6　まとめ

　innotop は top ライクに MySQL の状況を確認できるツールです。クエリー画面の **Q**, レプリケーション画面の **M** くらいは憶えておいても損はないと思います。

　今回説明した以外にも、innotop にはいくつかの機能があります。なかなか略語が難解で (たとえば "Connections" を "Cxns" と省略しているツールを筆者は他に知りません)、**S** キーのステータス変数一覧などは取り扱いづらい面もあります (筆者は正直この画面を扱うことを諦め、mysqladmin -r などのワンライナーで済ませることにしています)。

　まずは「いかにも top ライクな」ところから手軽、便利に利用し、時間に余裕がある時に他の機能を探してみるのが良いかと思います。

第6章 再現性のあるスロークエリーには「SHOW PROFILE」を試してみよう

6.1 MySQLの組み込みプロファイラー

　SHOW PROFILE ステートメントはMySQLサーバー組み込みのプロファイラーから情報を取り出すためのステートメントです。

　細かいことを言うとこれが利用可能かどうかはビルドオプション（ cmake -DENABLED_PROFILING=ON ）で決まりますが、少なくともOracleの配布しているバイナリーではこのオプションが有効な状態でビルドされているため、ほとんどの環境で利用することができるでしょう。

　プロファイラーというと小難しく思えますが、「そのクエリーが実行されていた期間、どのStatus（SHOW PROCESSLISTで "State" と表示されているものです）にどのくらいの時間かかったか」を表示してくれるもので、セッション単位でオンラインに有効・無効を切り替えられるため、身構える必要は全くありません。まずは試しに実行して、その内容を見てみたいと思いますので、早速具体的なステートメントを紹介していきます。

6.2 利用方法

　プロファイラーの有効・無効は profiling というセッション変数によって制御されます。SET SESSION profiling = 1 または SET @@profiling = 1 で、プロファイラーが有効になります

第6章 再現性のあるスロークエリーには「SHOW PROFILE」を試してみよう

（どちらも同じ意味）。セッション変数ですので、このステートメントを実行した以外のスレッドには何の影響も及ぼしません（プロファイラーは有効になりません）。MySQL 5.6とそれ以降ではこのプロファイラーは非推奨（将来のリリースで機能が削除される予定）となっており、SETステートメントを実行した際にワーニングが出ますが、今のところ（MySQL 5.7.13現在）利用には問題がありませんのでそのまま見ていきましょう（なお、ドキュメント[*1]上では代替手段としてパフォーマンススキーマが案内されています）。

```
mysql> SET @@profiling= 1;
Query OK, 0 rows affected, 1 warning (0.01 sec)

mysql> SHOW WARNINGS;
+---------+------+---------------------------------------------------------------+
| Level   | Code | Message                                                       |
+---------+------+---------------------------------------------------------------+
| Warning | 1287 | '@@profiling' is deprecated and will be removed in a future
release. |
+---------+------+---------------------------------------------------------------+
1 row in set (0.00 sec)
```

profiling変数を有効にしたら、プロファイルしたいクエリーを実行してみてください。実行したら、他のステートメントを叩く前にSHOW PROFILEを実行します。

```
mysql> SHOW PROFILE;
+----------------------+----------+
| Status               | Duration |
+----------------------+----------+
| starting             | 0.000206 |
| checking permissions | 0.000024 |
| Opening tables       | 0.000039 |
| init                 | 0.000089 |
| System lock          | 0.000027 |
| optimizing           | 0.000037 |
| statistics           | 0.000245 |
| preparing            | 0.000058 |
| Creating tmp table   | 0.000119 |
| Sorting result       | 0.000023 |
| executing            | 0.000019 |
| Sending data         | 2.619037 |
| Creating sort index  | 0.000821 |
| end                  | 0.000014 |
| removing tmp table   | 0.000017 |
| end                  | 0.000013 |
| query end            | 0.000015 |
| closing tables       | 0.000022 |
| freeing items        | 0.000028 |
```

[*1] https://dev.mysql.com/doc/refman/5.6/ja/show-profile.html

```
| logging slow query    | 0.000109 |
| cleaning up           | 0.000013 |
+-----------------------+----------+
21 rows in set (0.00 sec)
```

　クエリーが処理される中で通過した "Status" と、かかった時間の "Duration" が出力されます。

　たとえば上記の例では、"Sending data" に時間がかかっています。"Sending data" はストレージエンジンからデータをフェッチする時のステータスです。おそらく、インデックスが使えていないなどでフェッチする行を最小化できていないためにここで時間がかかっているのでしょう。よく見れば、"Creating tmp table" も出力されているため、テンポラリーテーブルを利用していることもわかります。テンポラリーテーブルが大きくなりすぎてディスク上にテンポラリーテーブルを作成した場合（MySQL 5.6 とそれ以前は MyISAM、MySQL 5.7 ではデフォルトで InnoDB が利用されます）は "converting HEAP to .." も合わせて表示されるため、表示されていない今回の例ではテンポラリーテーブルはメモリー上で収まっていることがわかります。

　それでは、次のような出力があった場合はどうでしょう。

```
mysql> SHOW PROFILE;
+--------------------------------+----------+
| Status                         | Duration |
+--------------------------------+----------+
| starting                       | 0.000132 |
| Waiting for query cache lock   | 0.000006 |
| checking query cache for query | 0.003187 |
| checking permissions           | 0.000010 |
| checking permissions           | 0.000044 |
| Opening tables                 | 0.000040 |
| System lock                    | 0.000015 |
| init                           | 0.001391 |
| optimizing                     | 0.000411 |
| statistics                     | 0.000043 |
| preparing                      | 0.000021 |
| executing                      | 0.000003 |
| Sending data                   | 0.000313 |
| optimizing                     | 0.000017 |
| statistics                     | 0.000364 |
| preparing                      | 0.000335 |
| executing                      | 0.000006 |
| Sending data                   | 0.000349 |
| executing                      | 0.000005 |
| Sending data                   | 0.001004 |
| executing                      | 0.000004 |
| Sending data                   | 0.000027 |
| executing                      | 0.000002 |
| Sending data                   | 0.000018 |
```

第 6 章　再現性のあるスロークエリーには「SHOW PROFILE」を試してみよう

```
| executing     | 0.000002 |
| Sending data  | 0.000009 |
| executing     | 0.000001 |
| Sending data  | 0.000008 |
| executing     | 0.000001 |
| Sending data  | 0.000008 |
| executing     | 0.000001 |
| Sending data  | 0.000016 |
| executing     | 0.000001 |
| Sending data  | 0.000010 |
| executing     | 0.000001 |
| Sending data  | 0.000020 |
| executing     | 0.000002 |
| Sending data  | 0.000010 |
| executing     | 0.000002 |
| Sending data  | 0.000010 |
| executing     | 0.000002 |
| Sending data  | 0.000008 |
| executing     | 0.000001 |
| Sending data  | 0.000008 |
| executing     | 0.000001 |
| Sending data  | 0.000008 |
| executing     | 0.000001 |
| Sending data  | 0.000008 |
| executing     | 0.000001 |
| Sending data  | 0.000008 |
| executing     | 0.000001 |
| Sending data  | 0.000008 |
| executing     | 0.000001 |
| Sending data  | 0.000005 |
| executing     | 0.000001 |
| Sending data  | 0.000010 |
| executing     | 0.000001 |
| Sending data  | 0.000008 |
| executing     | 0.000001 |
| Sending data  | 0.000008 |
| executing     | 0.000001 |
| Sending data  | 0.000003 |
| executing     | 0.000001 |
| Sending data  | 0.000008 |
| executing     | 0.000002 |
| Sending data  | 0.000008 |
| executing     | 0.000001 |
| Sending data  | 0.000004 |
| executing     | 0.000001 |
| Sending data  | 0.000007 |
| executing     | 0.000001 |
| Sending data  | 0.000009 |
| executing     | 0.000001 |
| Sending data  | 0.000021 |
| executing     | 0.000001 |
| Sending data  | 0.000016 |
| end           | 0.000004 |
```

```
| query end                     | 0.000008 |
| closing tables                | 0.000009 |
| freeing items                 | 0.000214 |
| logging slow query            | 0.000003 |
| cleaning up                   | 0.000004 |
+-------------------------------+----------+
82 rows in set (0.01 sec)
```

"Sending data"（ストレージエンジンからのデータフェッチ）と "executing"（オプティマイザーが決定した実行計画の通りにデータをフェッチするエグゼキューターの動作）を数十回も繰り返しているのが判ります。ご存知の方にはすぐわかると思いますが、これは相関サブクエリーの場合のプロファイラーの出力です（外側のクエリーでマッチした行ごとに内側のクエリーを実行するため、このような表示になる）。

クエリーの直後に SHOW PROFILE を実行できなかった場合、 SHOW PROFILES （複数形）ステートメントを実行することで、ヒストリー（ profiling_history_size で設定可能）に残っているクエリーのプロファイルを一覧することができます。

```
mysql> SHOW PROFILES;
+----------+------------+----------------------------------------------------------------
| Query_ID | Duration   | Query                                                           |
+----------+------------+----------------------------------------------------------------
|        1 |  7.56061200 | SELECT * FROM t1 WHERE val IN (SELECT val FROM t2 WHERE num BETWEEN 1 AND 10) |
|        2 |  8.00373925 | DELETE FROM t1 WHERE num > 1000                                 |
|        3 |  1.05841250 | DELETE FROM t1 WHERE num > 100                                  |
|        4 | 33.97938100 | DELETE FROM t2 WHERE num > 100                                  |
|        5 |  1.09654200 | DELETE FROM t2 WHERE num > 40                                   |
|        6 |  0.03032175 | DELETE FROM t1 WHERE num > 40                                   |
|        7 |  0.00410725 | explain SELECT * FROM t2 JOIN t1 USING(val) WHERE t2.num = 1   |
|        8 |  0.01773500 | SELECT * FROM t1 WHERE val IN (SELECT val FROM t2 WHERE num BETWEEN 1 AND 10) |
|        9 |  0.02148750 | DELETE FROM t1 WHERE num > 30                                   |
|       10 |  0.27967925 | DELETE FROM t2 WHERE num > 30                                   |
|       11 |  0.00826075 | SELECT * FROM t1 WHERE val IN (SELECT val FROM t2 WHERE num BETWEEN 1 AND 10) |
+----------+------------+----------------------------------------------------------------
11 rows in set (0.01 sec)
```

たとえば Query_ID 4 番の DELETE FROM t2 WHERE num > 100 のプロファイルを見たい場

合、SHOW PROFILE ステートメントに FOR QUERY 4 を渡します。

```
mysql> SHOW PROFILE FOR QUERY 4;
+------------------------------+-----------+
| Status                       | Duration  |
+------------------------------+-----------+
| starting                     |  0.007228 |
| checking permissions         |  0.000302 |
| Opening tables               |  0.001042 |
| System lock                  |  0.000030 |
| init                         |  0.006702 |
| updating                     | 33.930371 |
| end                          |  0.000923 |
| Waiting for query cache lock |  0.000013 |
| end                          |  0.002784 |
| query end                    |  0.024151 |
| closing tables               |  0.000430 |
| freeing items                |  0.000809 |
| logging slow query           |  0.000006 |
| logging slow query           |  0.004583 |
| cleaning up                  |  0.000009 |
+------------------------------+-----------+
15 rows in set (0.01 sec)
```

DELETE ステートメントではありますが、"Status" は "updating" です（こういうものです）。SHOW PROFILE にはいくつかの追加キーワードがあり、出力するカラムを増やすことができます。詳細は ドキュメント} で確認することができます（ただし、筆者の調べた限りでは、MEMORY[*2] キーワードはパースはされるものの処理は実装されていないようでした）。

6.3　使いどころ

今回の表題にも掲げていますが、SHOW PROFILE が有効なケースは「EXPLAIN 上問題ない（なさそうに見える）」「クエリーの遅さに再現性がある」際に有効な「場合があります」。

というのは、

- EXPLAIN の時点で明らかに悪そうなクエリーの場合、EXPLAIN の結果から SQL のチューニングを実施した方が効率が良い
- 「実行したクエリーの所要時間を記録する」ものであるため、@@profiling をオンにした状態で遅さが再現できない場合は計測できない（更にそのため、更新系のクエリーは計測がしにくいのも実情です）

[*2] http://dev.mysql.com/doc/refman/5.6/ja/show-profile.html

- プロファイルを確認した結果、自明な結論が導かれることも多い（本当に 1000 万行フェッチする必要があるクエリーはまず間違いなく "Sending data" が大きくなります。「それは知ってるんだよ！」という気分になりますね）

「チューニングに銀の弾丸はない」とはいえ、銀の弾丸どころか相当ひねくれたニッチなツールです。常日頃毎回利用するかと言われれば "No" と答えます。

しかしながら、 EXPLAIN や各種ステータス変数とは違った観点でクエリーを分析できるため、EXPLAIN に詰まった（問題点がわからなかった）場合に次に利用するのはこのプロファイラーかなと思います。

過去に筆者が SHOW PROFILE の結果から問題の特定に至ったケースは以下のようなものがあります。

- "Waiting for query cacche lock"（クエリーキャッシュロック、mysqld 全体で一つしかロックがないため、並列度が上がると容易にロック競合する） でクエリーが待たされているケース
  - EXPLAIN 上ではクエリーキャッシュは考慮されません。ひどい場合は SHOW PROCESSLIST でも確認することができるでしょう。
- 同じクエリーであるにも関わらず、 "Sending data" や "Opening tables" の値が大きくブレる場合はキャッシュミスヒットが疑える
  - "Sending data" の場合、「1 回目に実行した時は必ず遅く、2 回目以降は必ず速い」というケースはこれに該当することがあります。特に InnoDB の圧縮テーブルで発生しやすいようです（キャッシュミスヒットのオーバーヘッドが非常に大きい）
  - "Opening tables" で時間がかかる場合は再現性がバラバラになります（テーブルキャッシュミスヒットは同時に実行されている他のクエリーに大きく依存するため）
- スロークエリーログがテーブル（ mysql.slow_log ）に出力されている場合、 "logging slow query" の後にもう一度 "Opening tables" と "System lock" が出力され、スローログの記録にかかった時間を見ることができます。

6.4 performance_schemaでの利用の仕方と相違点

冒頭でも説明しましたが、MySQL 5.6 とそれ以降ではこのプロファイラーは非推奨（将来の

第 6 章　再現性のあるスロークエリーには「SHOW PROFILE」を試してみよう

リリースで機能が削除される予定）となっており、代替手段として performance_schema が案内されています。

　SHOW PROFILE が個別のセッションに対するクエリー単位のプロファイラーであるのに対し、performance_schema はデフォルトでは全てのセッションに対するイベント単位のプロファイラーです。MySQL 5.6 とそれ以降ではデフォルトで performance_schema が有効になっていますが、サーバーのメモリー使用量に影響する[3] ため、明示的に無効化している場合もあるのではないでしょうか（その場合、当然ながら performance_schema を SHOW PROFILE の代替に利用することはできません）。

　performance_schema を有効にしただけでは、SHOW PROFILE のようなクエリー内部のステータスの変遷は記録されません。performance_schema が蓄積する情報の種類を増やしてあげる必要があります。まずは performance_schema.setup_consumers の events_stages_* と events_statements_* （ events_statements_* は本質的には不要ですが、これを有効にしないとプロファイル結果と SQL ステートメントの紐付けができないため、プロファイラーとして利用するためにはこちらも有効にする必要があります）を ENABLED = 'YES' に設定します。

```
mysql> SELECT * FROM performance_schema.setup_consumers;
+--------------------------------+---------+
| NAME                           | ENABLED |
+--------------------------------+---------+
| events_stages_current          | NO      |
| events_stages_history          | NO      |
| events_stages_history_long     | NO      |
| events_statements_current      | YES     |
| events_statements_history      | NO      |
| events_statements_history_long | NO      |
| events_waits_current           | NO      |
| events_waits_history           | NO      |
| events_waits_history_long      | NO      |
| global_instrumentation         | YES     |
| thread_instrumentation         | YES     |
| statements_digest              | YES     |
+--------------------------------+---------+
12 rows in set (0.00 sec)

mysql> UPDATE performance_schema.setup_consumers SET enabled= 'YES' WHERE name LIKE
 'events\_stages\_%';
Query OK, 3 rows affected (0.08 sec)
Rows matched: 3  Changed: 3  Warnings: 0

mysql> UPDATE performance_schema.setup_consumers SET enabled= 'YES' WHERE name LIKE
 'events\_statements\_%';
```

---

[3] http://dev.mysql.com/doc/refman/5.6/ja/performance-schema-startup-configuration.html

6.4 performance_schema での利用の仕方と相違点

```
Query OK, 2 rows affected (0.00 sec)
Rows matched: 3  Changed: 2  Warnings: 0

mysql> SELECT * FROM performance_schema.setup_consumers;
+--------------------------------+---------+
| NAME                           | ENABLED |
+--------------------------------+---------+
| events_stages_current          | YES     |
| events_stages_history          | YES     |
| events_stages_history_long     | YES     |
| events_statements_current      | YES     |
| events_statements_history      | YES     |
| events_statements_history_long | YES     |
| events_waits_current           | NO      |
| events_waits_history           | NO      |
| events_waits_history_long      | NO      |
| global_instrumentation         | YES     |
| thread_instrumentation         | YES     |
| statements_digest              | YES     |
+--------------------------------+---------+
12 rows in set (0.00 sec)
```

次に、 performance_schema.setup_instruments の stage/sql/* の ENABLED = YES と TIMED = YES を設定します。

```
mysql> SELECT * FROM performance_schema.setup_instruments WHERE name LIKE 'stage/sql/%';
+--------------------------------------------------------------------------------
| NAME
| ENABLED | TIMED |
+--------------------------------------------------------------------------------
| stage/sql/After create
| NO      | NO    |
| stage/sql/allocating local table
| NO      | NO    |
| stage/sql/preparing for alter table
| NO      | NO    |
..
| stage/sql/Waiting for trigger metadata lock
| NO      | NO    |
| stage/sql/Waiting for event metadata lock
| NO      | NO    |
| stage/sql/Waiting for commit lock
| NO      | NO    |
+--------------------------------------------------------------------------------
107 rows in set (0.00 sec)

mysql56> UPDATE performance_schema.setup_instruments SET ENABLED= 'YES', TIMED= 'YES' WHERE name LIKE 'stage/sql/%';
Query OK, 107 rows affected (0.00 sec)
Rows matched: 107  Changed: 107  Warnings: 0
```

第 6 章　再現性のあるスロークエリーには「SHOW PROFILE」を試してみよう

```
mysql56> SELECT * FROM performance_schema.setup_instruments WHERE name LIKE
'stage/sql/%';
+-------------------------------------------------------------------------------
| NAME
| ENABLED | TIMED |
+-------------------------------------------------------------------------------
| stage/sql/After create
| YES     | YES   |
| stage/sql/allocating local table
| YES     | YES   |
| stage/sql/preparing for alter table
| YES     | YES   |
..
| stage/sql/Waiting for trigger metadata lock
| YES     | YES   |
| stage/sql/Waiting for event metadata lock
| YES     | YES   |
| stage/sql/Waiting for commit lock
| YES     | YES   |
+-------------------------------------------------------------------------------
107 rows in set (0.00 sec)
```

　これで、SHOW PROFILE ライクな performance_schema.event_stages_* が有効になります（SHOW PROFILIE を利用した場合と比較するのなら、SET @@profiling = 1 が終わったところです）。

　ただし、@@profiling がセッション変数であったことに対し、performance_schema はサーバー全体に影響を及ぼします（自セッション以外でもプロファイラーが有効になる）ので注意してください。自分以外のスレッドのプロファイリングを無効にする方法はいくつかは存在しますが（performance_schema.setup_actors で調整したり、performance_schema.threads で調整する）、「どの項目を記録するか」の設定（performance_schema.setup_instruments, performance_schema.setup_consumers）の設定は全体で共有されるため、「自分以外のスレッドのプロファイリングを全て（今まで取得していた情報も全て）一時的に無効にする」または「自分以外のスレッドも SQL 関連のプロファイリングも記録されることを諦めて短時間で元に戻す」のどちらかを選択することになります。

　それでは、performance_schema によるプロファイルの記録を見てみましょう。SHOW PROFILES および SHOW PROFILE の構文が十分シンプルだったのに対し、performance_schema から同等の情報を得ようと思う場合にはクエリーが長くなります。これは、

1. performance_schema 上ではコネクションを thread_id で識別するが、通常のコネクションからは processlist_id（SHOW PFORCESLIST 上の ID）しか参照できないため、performance_schema.threads を JOIN して求めていること

6.4 performance_schema での利用の仕方と相違点

2. performance_schema.events_stages_* 上ではクエリーを nested_event_id 単位で識別することができるが、それを SQL_TEXT に紐付けるために performance_schema.events_statements_* を JOIN して求めていること

が挙げられます（このあたり、MySQL 5.7 以降でバンドルされるようになった sys スキーマが吸収してくれると嬉しいのですが）。

```
mysql> SELECT
    -> LEFT(performance_schema.events_statements_history.sql_text, 50) AS sql_text,
    -> performance_schema.events_stages_history_long.event_name,
    -> performance_schema.events_stages_history_long.timer_wait / (1000 * 1000 * 1000 * 1000) AS timer_wait_sec
    -> FROM
    -> performance_schema.events_stages_history_long
    -> JOIN
    ->   performance_schema.threads
    ->     USING(thread_id)
    -> JOIN
    ->   performance_schema.events_statements_history
    ->     ON performance_schema.events_stages_history_long.nesting_event_id = performance_schema.events_statements_history.event_id
    -> WHERE
    -> performance_schema.threads.processlist_id = @@pseudo_thread_id
    -> ORDER BY
    -> performance_schema.events_stages_history_long.timer_start;
+----------------------------------+------------------------------------------+----------------+
| sql_text                         | event_name                               | timer_wait_sec |
+----------------------------------+------------------------------------------+----------------+
| select @@version_comment limit 1 | stage/sql/init                           | 0.0000 |
| select @@version_comment limit 1 | stage/sql/Waiting for query cache lock   | 0.0000 |
| select @@version_comment limit 1 | stage/sql/init                           | 0.0000 |
| select @@version_comment limit 1 | stage/sql/checking query cache for query | 0.0000 |
| select @@version_comment limit 1 | stage/sql/checking permissions           | 0.0000 |
| select @@version_comment limit 1 | stage/sql/Opening tables                 | 0.0000 |
| select @@version_comment limit 1 | stage/sql/init                           | 0.0000 |
| select @@version_comment limit 1 | stage/sql/optimizing                     | 0.0000 |
| select @@version_comment limit 1 | stage/sql/executing                      | 0.0000 |
| select @@version_comment limit 1 | stage/sql/end                            | 0.0000 |
| select @@version_comment limit 1 | stage/sql/query end                      |
```

第6章 再現性のあるスロークエリーには「SHOW PROFILE」を試してみよう

```
0.0000 |
| select @@version_comment limit 1 | stage/sql/closing tables            |
0.0000 |
| select @@version_comment limit 1 | stage/sql/freeing items             |
0.0000 |
| select @@version_comment limit 1 | stage/sql/cleaning up               |
0.0000 |
| SELECT * FROM d1.t1              | stage/sql/init                      |
0.0000 |
| SELECT * FROM d1.t1              | stage/sql/Waiting for query cache lock |
0.0000 |
| SELECT * FROM d1.t1              | stage/sql/init                      |
0.0000 |
| SELECT * FROM d1.t1              | stage/sql/checking query cache for query |
0.0001 |
| SELECT * FROM d1.t1              | stage/sql/checking permissions      |
0.0000 |
| SELECT * FROM d1.t1              | stage/sql/Opening tables            |
0.0000 |
| SELECT * FROM d1.t1              | stage/sql/init                      |
0.0000 |
| SELECT * FROM d1.t1              | stage/sql/System lock               |
0.0000 |
| SELECT * FROM d1.t1              | stage/sql/optimizing                |
0.0000 |
| SELECT * FROM d1.t1              | stage/sql/statistics                |
0.0000 |
| SELECT * FROM d1.t1              | stage/sql/preparing                 |
0.0000 |
| SELECT * FROM d1.t1              | stage/sql/executing                 |
0.0000 |
| SELECT * FROM d1.t1              | stage/sql/Sending data              |
0.0001 |
| SELECT * FROM d1.t1              | stage/sql/end                       |
0.0000 |
| SELECT * FROM d1.t1              | stage/sql/query end                 |
0.0000 |
| SELECT * FROM d1.t1              | stage/sql/closing tables            |
0.0000 |
| SELECT * FROM d1.t1              | stage/sql/freeing items             |
0.0000 |
| SELECT * FROM d1.t1              | stage/sql/cleaning up               |
0.0000 |
+----------------------------------+-----------------------------------------+-----
32 rows in set (0.00 sec)
```

　長いクエリーですが、何とか SHOW PROFILE と似たような出力を得ることができました。筆者としては、 SHOW PROFILE が廃止される前に、このあたりのインターフェースが整備されてくれることを望んでいます。筆者はストアドプロシージャで SHOW PROFILE に似た出力を出せるよう

にリクエストを出してみました（MySQL Bugs: #81928: Feature request for sys.profiling[*4]）が、ビューでも問題なく実装できると思います。

6.5 まとめ

`SHOW PROFILE` ステートメントは MySQL サーバー組み込みのプロファイラーです。`SET @@profiling = 1` とすることで、セッション単位で有効にすることができます（逆に、グローバルに有効にすることはできませんし、他のスレッドのプロファイルの内容を見ることもできません）。

プロファイラーが有効なケースは「EXPLAIN 上問題ない（なさそうに見える）」「クエリーの遅さに再現性がある」場合ですが、クエリーのどこが遅いのかが判ったとしても、それを解消できるかどうかはまた別の問題です（インデックスを最大限活用しており、フェッチする行はこれ以上削れないにもかかわらず、"Sending data" で時間がかかっている場合など）。

`SHOW PROFILE` ステートメントは MySQL 5.6 とそれ以降では「非推奨」のステータスとなっており、代替手段としては `performance_schema` が案内されています。ただし、`SHOW PROFILE` と `performance_schema` の間には有効の仕方、情報の取得の仕方に大きな差異があります。

[*4] http://bugs.mysql.com/bug.php?id=81928

第7章 performance_schema をsysで使い倒す

7.1 パフォーマンススキーマとは

　パフォーマンススキーマとは（第6章でも一部利用しましたが）MySQL 5.5.3から導入された、MySQLのパフォーマンスモニタリングのためのストレージエンジンです。MySQL 5.5時代は本当にローレベルな情報（mutex待ち、ロック待ち、I/O待ち）のみを提供し通常運用に役に立つ情報はありませんでしたが、MySQL 5.6とそれ以降で大きく機能が追加され、クエリーチューニングに十分役に立つ強力なツールに生まれ変わりました。

　MySQL 5.6とそれ以降ではデフォルトでONに設定されるようになったパフォーマンススキーマですが、MySQL 5.5時代をご存知の方は明示的にOFFにしているかも知れません（MySQL 5.5のパフォーマンススキーマはパフォーマンスへのオーバーヘッドが非常に大きかった上に、大量にメモリーを利用しました）。最近のパフォーマンススキーマはON/OFFに再起動が必要な点こそ変わりがありませんが、パフォーマンスオーバーヘッド、メモリーの使用量ともに大幅に改善されています。また、取得できる情報も「ステートメント（ダイジェスト）単位での各種待ち状態の統計」、「各ステージでの経過時間」、「トランザクション単位での統計」などが追加され、更には設定可能な項目として「スキーマ単位、テーブル単位で記録するか否かを設定」と「ユーザー単位、ホスト単位で記録するか否かを設定」できるようになっています。

　大幅な機能追加とオーバーヘッドの削減により、MySQL 5.6とそれ以降ではONにする価値は十分あるのではないでしょうか（筆者の勤めている会社の本番環境では、MySQL 5.6以降のパフォーマンススキーマは原則ONにするようにしています）。

7.2 パフォーマンススキーマの設定

ややこしい話ではありますが、パフォーマンススキーマの機能は、データの格納/取り出しにPERFORMANCE_SCHEMA ストレージエンジンを利用し、名前空間として performance_schema データベース (SHOW DATABASES を実行すると performance_schema が表示される) を利用します。また、パフォーマンススキーマを有効化するためのオプションは performance_schema です。また、パフォーマンススキーマ (機能)、performance_schema データベース、performance_schema オプションとも、p_s と略されることが多いです（一般ユーザー同士で PERFORMANCE_SCHEMA ストレージエンジンについて言及される機会は少ない。PERFORMANCE_SCHEMA ストレージエンジンを省略する場合、perfschema が使われることが多い）。

以下で説明するコマンドの出力例などは全て MySQL 5.7.13 のものです。原則、同様の手順で MySQL 5.6 でも設定が可能ですが、MySQL 5.7 で新規追加された機能があるため、一部 MySQL 5.6 では確認できないテーブルや行、カラムが存在します。気が付いたら、MySQL 5.7 で追加されたんだなと思ってください。

パフォーマンススキーマが有効かどうかは、performance_schema 変数を参照することで確認できます。

```
mysql> SHOW VARIABLES LIKE 'performance_schema';
+--------------------+-------+
| Variable_name      | Value |
+--------------------+-------+
| performance_schema | ON    |
+--------------------+-------+
1 row in set (0.01 sec)
```

パフォーマンススキーマの設定に関するテーブルは、performance_schema データベースの setup_ の接頭辞を持つテーブルにまとめられています。

```
mysql> SHOW TABLES FROM performance_schema LIKE 'setup\_%';
+----------------------------------------+
| Tables_in_performance_schema (setup\_%) |
+----------------------------------------+
| setup_actors                           |
| setup_consumers                        |
| setup_instruments                      |
| setup_objects                          |
| setup_timers                           |
+----------------------------------------+
5 rows in set (0.00 sec)
```

パフォーマンススキーマの設定は、SQL で行います（起動時のみオプションでも設定可能。

パフォーマンススキーマ起動構成[1] を参照)。現在の設定を確認するにはテーブルを SELECT ステートメントを使用し、設定を変更するには UPDATE .. SET .. WHERE .. ステートメントを使用します。

setup_actors

パフォーマンススキーマによる統計の記録をユーザー単位、接続元ホスト単位で有効にするための設定ができます。デフォルトでは HOST = '%', USER = '%', ENABLED = 'YES', HISTORY = 'YES' の行が設定されており、全ての接続元からの全てのユーザーが統計取得の対象になっています。

この 1 行を削除し、HOST = '192.168.0.101', USER = '%', ENABLED = 'YES', HISTORY = 'YES' の行を追加することで、特定のホストからの接続のみを記録し、その他のホストからの接続はオーバーヘッドを削減する、というような使い方ができます（このテーブルの情報は、MySQL を再起動すると消えて（＝デフォルトの HOST = '%', USER = '%', ENABLED = 'YES', HISTORY = 'YES' に戻って）しまいます。必要があれば init_file オプションでこのテーブルの設定をスタートアップ時に編集するようにしておくのが良いでしょう）。

setup_actors テーブルへの設定は即時では有効にならず、次回のコネクション確立時から有効になります。コネクションプールを利用している環境では注意してください（現在接続中のスレッド単位でパフォーマンススキーマの機能を有効/無効にするには performace_schema.threads テーブルを利用する）。

setup_consumers

setup_consumers テーブルでは、パフォーマンススキーマが計測した統計を記録するかどうかの設定を行います。

```
mysql> SELECT * FROM setup_consumers;
+----------------------------------+---------+
| NAME                             | ENABLED |
+----------------------------------+---------+
| events_stages_current            | NO      |
| events_stages_history            | NO      |
| events_stages_history_long       | NO      |
| events_statements_current        | YES     |
| events_statements_history        | YES     |
| events_statements_history_long   | NO      |
| events_transactions_current      | NO      |
```

---

[1] https://dev.mysql.com/doc/refman/5.6/ja/performance-schema-startup-configuration.html

```
| events_transactions_history      | NO  |
| events_transactions_history_long | NO  |
| events_waits_current             | NO  |
| events_waits_history             | NO  |
| events_waits_history_long        | NO  |
| global_instrumentation           | YES |
| thread_instrumentation           | YES |
| statements_digest                | YES |
+----------------------------------+-----+
15 rows in set (0.00 sec)
```

MySQL 5.7.13 現在では、デフォルトは上記のようになっています。コンシューマーの名前（setup_consumers.name の値）と performance_schema スキーマ内のテーブル名がだいたい紐づいていますので、なんとなく何が有効になっていて何が無効なのか（また、どこを有効にすると取りたい情報が取れるようになるのか）がわかるかと思います。詳細は リファレンスマニュアル[2] に記載があります。events_stages_* は前章も利用した通りプロファイラーとしての機能を、events_statements_* はステートメント単位の統計情報を記録するための機能を、events_waits_* は非常にローレベルな mutex の競合やファイルシステムの sync など MySQL が「待って」いた統計情報を記録するための機能を提供します。

これらが ENABLED = NO になっていた場合、performance_schema データベース上にテーブルは残りますが、中身は記録されません（起動後に UPDATE ステートメントで ENABLED = NO にした場合、それ以降の統計情報が記録されなくなる）。

setup_instruments

setup_instruments テーブルには setup_consumers テーブルより更に細分化された「パフォーマンススキーマがどのイベントの統計情報を記録するか」が設定されています。 name カラムの値はスラッシュで区切られた名前空間を持ちます。ざっくりと SQL で ENABLED = YES になっている項目と ENABLED = NO になっている項目の数を数えてみます。

```
mysql> SELECT SUBSTRING_INDEX('name', '/', 2) AS short_name, ANY_VALUE(name) AS
example, SUM(ENABLED = 'YES') AS enabled, SUM(ENABLED = 'NO') AS disabled FROM
setup_instruments GROUP BY short_name;
+--------------------------------+---------------------------------------------------+
| short_name                     | example                                           |
enabled | disabled |
+--------------------------------+---------------------------------------------------+
| idle                           | idle                                              |
```

---

[2] https://dev.mysql.com/doc/refman/5.6/ja/performance-schema-pre-filtering.html#performance-schema-consumer-filtering

```
1 |          0 |
| memory/archive              | memory/archive/FRM                                     |
0 |          2 |
| memory/blackhole            | memory/blackhole/blackhole_share                       |
0 |          1 |
| memory/client               | memory/client/mysql_options                            |
0 |          7 |
| memory/csv                  | memory/csv/TINA_SHARE                                  |
0 |          5 |
| memory/federated            | memory/federated/FEDERATED_SHARE                       |
0 |          1 |
| memory/innodb               | memory/innodb/adaptive hash index                      |
0 |         85 |
| memory/keyring              | memory/keyring/KEYRING                                 |
0 |          1 |
| memory/memory               | memory/memory/HP_SHARE                                 |
0 |          4 |
| memory/myisam               | memory/myisam/MYISAM_SHARE                             |
0 |         21 |
| memory/myisammrg            | memory/myisammrg/MYRG_INFO                             |
0 |          2 |
| memory/mysys                | memory/mysys/max_alloca                                |
0 |         21 |
| memory/partition            | memory/partition/ha_partition::file                    |
0 |          3 |
| memory/performance_schema   | memory/performance_schema/mutex_instances              |
70 |         0 |
| memory/sql                  | memory/sql/Locked_tables_list::m_locked_tables_root    |
0 |        152 |
| memory/vio                  | memory/vio/ssl_fd                                      |
0 |          3 |
| stage/innodb                | stage/innodb/alter table (end)                         |
8 |          0 |
| stage/mysys                 | stage/mysys/Waiting for table level lock               |
0 |          1 |
| stage/sql                   | stage/sql/After create                                 |
1 |        119 |
| statement/abstract          | statement/abstract/Query                               |
3 |          0 |
| statement/com               | statement/com/Sleep                                    |
32 |         0 |
| statement/scheduler         | statement/scheduler/event                              |
1 |          0 |
| statement/sp                | statement/sp/stmt                                      |
16 |         0 |
| statement/sql               | statement/sql/select                                   |
141 |        0 |
| transaction                 | transaction                                            |
0 |          1 |
| wait/io                     | wait/io/file/sql/map                                   |
55 |         3 |
| wait/lock                   | wait/lock/table/sql/handler                            |
1 |          1 |
```

```
| wait/synch                      | wait/synch/mutex/sql/TC_LOG_MMAP::LOCK_tc          |
 0 |      257 |
+--------------------------------+-----------------------------------------------------+-
28 rows in set (0.01 sec)
```

たとえば 25 行目を見ると、name LIKE 'wait/io%' に属する項目は 58 あり、そのうち ENABLED = YES が 55 項目、ENABLED = NO が 3 項目あることを見て取れます。name LIKE 'wait/io%' に属する項目の一つの例として、wait/io/file/sql/map があるようです。というのが上記の SQL から見て取れます。

setup_instruments テーブルの設定と setup_consumers テーブルの設定のうち、両方が ENABLED = YES になっているものがパフォーマンススキーマで計測、蓄積されます（前章の記事を改めて参照してください。setup_consumers テーブルの events_stages_* と setup_instruments テーブルの stage/sql/* を両方有効にしています）。改めての注意になりますが、performance_schema データベースで行った設定変更は、原則「即時」サーバー「全体」に反映されます。WHERE 句なしで ENABLED = YES はステージング環境だけに留めておきましょう（設定項目によっては、やはりまだまだオーバーヘッドがあります）。

setup_objects

setup_objects テーブルはオブジェクト単位でパフォーマンススキーマの有効/無効を設定することができます。

```
mysql> SELECT * FROM setup_objects;
+-------------+--------------------+-------------+---------+-------+
| OBJECT_TYPE | OBJECT_SCHEMA      | OBJECT_NAME | ENABLED | TIMED |
+-------------+--------------------+-------------+---------+-------+
| EVENT       | mysql              | %           | NO      | NO    |
| EVENT       | performance_schema | %           | NO      | NO    |
| EVENT       | information_schema | %           | NO      | NO    |
| EVENT       | %                  | %           | YES     | YES   |
| FUNCTION    | mysql              | %           | NO      | NO    |
| FUNCTION    | performance_schema | %           | NO      | NO    |
| FUNCTION    | information_schema | %           | NO      | NO    |
| FUNCTION    | %                  | %           | YES     | YES   |
| PROCEDURE   | mysql              | %           | NO      | NO    |
| PROCEDURE   | performance_schema | %           | NO      | NO    |
| PROCEDURE   | information_schema | %           | NO      | NO    |
| PROCEDURE   | %                  | %           | YES     | YES   |
| TABLE       | mysql              | %           | NO      | NO    |
| TABLE       | performance_schema | %           | NO      | NO    |
| TABLE       | information_schema | %           | NO      | NO    |
| TABLE       | %                  | %           | YES     | YES   |
| TRIGGER     | mysql              | %           | NO      | NO    |
```

```
| TRIGGER      | performance_schema  | %            | NO      | NO    |
| TRIGGER      | information_schema  | %            | NO      | NO    |
| TRIGGER      | %                   | %            | YES     | YES   |
+--------------+---------------------+--------------+---------+-------+
20 rows in set (0.01 sec)
```

デフォルトで入っている値としては、mysql データベース（権限など、システム管理用のデータベース）、 information_schema データベース（MySQL の内部情報を SQL で参照するための疑似データベース）、 performance_schema データベースは、他のテーブルの設定に関わらず ENABLED = NO が設定されています。パフォーマンススキーマの統計情報は全ての条件をクリアした場合のみ記録される（どれか1つの設定でも ENABLED = NO になっている場合は記録されない）ため、特定のテーブルのみ参照してその他にはオーバーヘッドを抑えたい場合などにはこのテーブルも有効かも知れません。

7.3 パフォーマンススキーマの参照

パフォーマンススキーマから統計情報を引き出すには、performance_schema データベースの setup_* 以外のテーブルにアクセスします。テーブルの名前と、そのテーブルにアクセスすることで確認できる統計情報は概ね一致していますので、まずはテーブルの名前で興味をそそられるものを探して、開いてみるのが良いでしょう。

```
mysql> SELECT * FROM file_instances;
+-----------------------------------------------------------------+
| FILE_NAME
| EVENT_NAME                              | OPEN_COUNT |
+-----------------------------------------------------------------+
| /usr/mysql/5.7.13/share/english/errmsg.sys
| wait/io/file/sql/ERRMSG                 |          0 |
| /usr/mysql/5.7.13/share/charsets/Index.xml
| wait/io/file/mysys/charset              |          0 |
| /usr/mysql/5.7.13/keyring/keyring
| wait/io/file/keyring_file/keyring_file_data |      0 |
| /usr/mysql/5.7.13/data/ibdata1
| wait/io/file/innodb/innodb_data_file    |          3 |
..
| /usr/mysql/5.7.13/data/p_s/file_instances.frm
| wait/io/file/sql/FRM                    |          0 |
+-----------------------------------------------------------------+
188 rows in set (0.00 sec)
```

これらのテーブルは概して横に長い（カラム数が多く、格納されている文字列も長い）ことが

多いため、MySQL Workbench[*3] などの GUI ツールを使うか、mysql コマンドラインクライアントの pager less -S サブコマンドなどで見ることをお勧めします。

　setup_* テーブルと違い、これらのテーブルは TRUNCATE することで「今まで蓄積した統計情報をリセットする」ことができます。パフォーマンススキーマの統計は累積値ですので、何らかのチューニングを実施してその効果を測りたい場合は一度統計をリセットするのが良いでしょう（リセット前の情報も保管しておきたい場合は、SQL でアクセスできますので任意のスキーマに INSERT .. SELECT ステートメントでテーブルの情報をコピーすれば良いかと思います）。なお、PERFORMANCE_SCHEMA ストレージエンジンはメモリー上にデータを蓄積するため、MySQL を再起動した場合はそれまでの統計情報はリセットされます。

　パフォーマンススキーマが集めた統計情報の他に、ストレージエンジンとしての PERFORMANCE_SCHEMA もまた自身の情報を多少収集しています。

　この情報には SHOW ENGINE performance_schema STATUS でアクセスすることができます（SHOW ENGINE INNODB STATUS の PERFORMANCE_SCHEMA ストレージエンジン版です）。

```
mysql57> SHOW ENGINE PERFORMANCE_SCHEMA STATUS;
+--------------------+------------------------------------------------------------+
| Type               | Name                                                       Status   |
+--------------------+------------------------------------------------------------+
| performance_schema | events_waits_current.size                                  |
176                |
| performance_schema | events_waits_current.count                                 |
1536               |
| performance_schema | events_waits_history.size                                  |
176                |
| performance_schema | events_waits_history.count                                 |
2560               |
| performance_schema | events_waits_history.memory                                |
450560             |
..
| performance_schema | performance_schema.memory                                  |
94739320           |
+--------------------+------------------------------------------------------------+
229 rows in set (0.00 sec)
```

　各テーブルに記録されている統計の個数、記録された回数、記録に利用しているメモリー量などを確認することができます。

　特に最後の 1 行、パフォーマンススキーマ全体でどれくらいのメモリーを利用しているかは注意して見るようにしましょう。

[*3] https://www-jp.mysql.com/products/workbench/

7.4 sys とは

sys[4] はパフォーマンススキーマの情報を見やすくするためのビューやストアドファンクション、ストアドプロシージャの集まりです。名前空間として sys データベースを利用するため、もっぱら sys スキーマ（MySQL ではスキーマとデータベースは同じものを指す）と呼ばれることが多いです。パフォーマンススキーマを前提としたビューが主な機能なので、performance_schema = OFF の状態ではほとんどのビューは結果を返しません。

MySQL 5.7 ではデータベースの初期化（mysqld --initialize）をした時点で sys データベースが作成されていますが、MySQL 5.6 では GitHub の mysql-sys リポジトリ[5] からスクリプトをダウンロードして実行する必要があります（ビュー、関数、ストアドプロシージャなので、インストールというよりは CREATE VIEW などが並んだ sql スクリプトを実行するだけです）。また、MySQL 5.5 とそれ以前（それ以前はそもそもパフォーマンススキーマが実装されていませんでした）には対応していません。

sys のセットアップ（MySQL 5.6 向け）

MySQL 5.6 向けのセットアップ手順は以下の通りです。URL やファイル名などは 2016/07/12 現在のもので、将来変更になる可能性があります。

```
$ git clone https://github.com/mysql/mysql-sys.git
Initialized empty Git repository in /root/mysql-sys/.git/
remote: Counting objects: 3009, done.
remote: Total 3009 (delta 0), reused 0 (delta 0), pack-reused 3008
Receiving objects: 100% (3009/3009), 1.17 MiB | 466 KiB/s, done.
Resolving deltas: 100% (1768/1768), done.

$ cd mysql-sys
$ mysql -uroot -p < sys_56.sql

$ mysql -uroot -p
mysql> SHOW DATABASES;
+--------------------+
| Database           |
+--------------------+
| information_schema |
| mysql              |
| performance_schema |
| sys                |
+--------------------+
```

---

[4] https://dev.mysql.com/doc/refman/5.7/en/sys-schema.html
[5] https://github.com/mysql/mysql-sys

```
4 rows in set (0.01 sec)
```

sys_56.sql を実行する際、mysql コマンドラインクライアントに -v オプションを与えて実行すると、ステートメントを画面にも出力することができます（-v オプションなしでそのまま実行すると、何も表示されずにプロンプトが返ってくる）。sys_56.sql はセッションのバイナリログをオフにするため、マスターで実行してもスレーブに sys データベースは作成されません。

7.5 sysの便利機能

sys には多くのビュー、ストアドファンクション、ストアドプロシージャが存在します。完全なリストは ドキュメント[6] で確認することができますが、ここではいくつか筆者が実運用上役に立てている機能を紹介します。

sys.statement_analysis

statement_analysis は performance_schema.events_statements_summary_by_digest の内容を人間が見やすい形に整形したビューです。

```
mysql> SELECT * FROM statement_analysis\G
..
*************************** 2. row ***************************
            query: SELECT `c` FROM `sbtest1` WHERE `id` = ?
               db: sbtest
        full_scan:
       exec_count: 23890
        err_count: 0
       warn_count: 0
    total_latency: 2.36 s
      max_latency: 521.15 us
      avg_latency: 98.74 us
     lock_latency: 778.65 ms
        rows_sent: 23890
    rows_sent_avg: 1
    rows_examined: 23890
rows_examined_avg: 1
    rows_affected: 0
rows_affected_avg: 0
       tmp_tables: 0
  tmp_disk_tables: 0
      rows_sorted: 0
```

---

[6] https://dev.mysql.com/doc/refman/5.7/en/sys-schema-object-index.html

```
    sort_merge_passes: 0
               digest: 80295d1d2720d4515b05d648e8caa82f
           first_seen: 2016-07-12 17:04:40
            last_seen: 2016-07-12 17:04:53
..
```

query カラムは文字数によって sys.format_statement 関数で切り詰めて表示されます（切り詰められたくない場合は、 x$statement_analysis テーブルを参照。 statement_analysis に限らず、 sys データベースのビューには x$ 接頭辞を持つものが対として存在しており、それらは切り詰めの関数を通さなくなっている）。表示される単位は「ダイジェスト」であり、たとえば SELECT c FROM sbtest1 WHERE id = 1 と SELECT c FROM sbtest1 WHERE id = 2 は定数部分がノーマライズされて同じダイジェストを持ちます。

記録されている値は累積の統計値のためスローログのように時系列変化を追うことはできませんが、スローログに記録されないような「1 回ずつの実行時間は閾値未満だが、多くの回数実行されて累計の処理時間が長いもの」や「テンポラリーテーブルを Disk 上に出力する必要があったもの」、「rows_examined に対して rows_sent が圧倒的に少なく（x$statement_analysis を利用する場合、 ORDER BY rows_examined / rows_sent DESC でソートすることができる）インデックス効率が悪そうなもの」などを抽出することができます。

sys.innodb_lock_waits

innodb_lock_waits は information_schema の innodb_trx, innodb_locks, innodb_lock_waits を結合したビューです（ information_schema を利用しているため、パフォーマンススキーマの有効/無効に関わらず利用できます）。

```
mysql57> SELECT * FROM innodb_lock_waits\G
*************************** 1. row ***************************
                wait_started: 2016-07-12 17:49:06
                    wait_age: 00:00:13
               wait_age_secs: 13
                locked_table: `d1`.`user`
                locked_index: PRIMARY
                 locked_type: RECORD
              waiting_trx_id: 8063
         waiting_trx_started: 2016-07-12 17:49:06
             waiting_trx_age: 00:00:13
     waiting_trx_rows_locked: 1
   waiting_trx_rows_modified: 0
                 waiting_pid: 320
               waiting_query: SELECT * FROM user LIMIT 3 FOR UPDATE
             waiting_lock_id: 8063:146:3:2
           waiting_lock_mode: X
```

```
              blocking_trx_id: 8062
                 blocking_pid: 321
               blocking_query: NULL
             blocking_lock_id: 8062:146:3:2
           blocking_lock_mode: X
          blocking_trx_started: 2016-07-12 17:49:06
              blocking_trx_age: 00:00:13
       blocking_trx_rows_locked: 3
     blocking_trx_rows_modified: 0
        sql_kill_blocking_query: KILL QUERY 321
   sql_kill_blocking_connection: KILL 321
1 row in set (0.01 sec)
```

待っているクエリ、待たせているクエリを一覧することができます。InnoDB のロックを確認するといえば MySQL InnoDB におけるロック競合の解析手順 - SH2 の日記[*7] が有名ですが、同等以上の情報を確認できるビューが利用できるのは嬉しいところです（筆者は必要になるたび、このブログのステートメントからビューを作っていました。。）。

sys.ps_truncate_all_tables

ps_truncate_all_tables は、パフォーマンススキーマに蓄積された統計情報をリセットするためのストアドプロシージャです。パフォーマンススキーマに蓄積された情報はテーブルを TRUNCATE することでリセットができることは先に触れましたが、 performance_schema データベースの（記録系のテーブルのみ、 setup_* は対象外）全てのテーブルに対して TRUNCATE を実行することで統計情報をクリアします（関数の名前通りの動き）。

```
mysql> CALL sys.ps_truncate_all_tables(0);
+--------------------+
| summary            |
+--------------------+
| Truncated 44 tables |
+--------------------+
1 row in set (0.01 sec)

Query OK, 0 rows affected (0.01 sec)
```

引数には "0" または "1" を指定します。"1" を指定した場合、全ての TRUNCATE ステートメントが実行と同時に表示されます。やっていることがシンプルなだけに胸を張って「これが sys の機能の一つ」というのが若干はばかられますが、 "a set of objects that helps DBAs and developers interpret data collected by the Performance Schema" (https://dev.mysql.com/doc/refman/5.7/en/sys-schema.html より）という sys の目標に非

[*7] http://d.hatena.ne.jp/sh2/20090618

常によく沿った関数だと筆者は考えています。

その他の sys のオブジェクト

sys データベースにはいくつものビューが格納されていますが、ほとんどのビューは名前からその用途が想像できます。statement_analysis を参照して WHERE でフィルターをかけたり ORDER BY でソートしなおしても特に不便はないため、筆者はあまり別のビューは利用していません。

sys のビューの多くは x$接頭辞がついた同じ名前のビューを持っています。パフォーマンススキーマはもともとナノ秒 (ns) 単位でレイテンシーを記録しますが、ナノ秒は人間がパッと見るには不向きな単位です。そこで sys のビューでは原則 sys.format_time ストアドファンクションを利用して、1000 ナノ秒を 1 マイクロ秒に (1000ns= 1us)、1000 マイクロ秒を 1 ミリ秒に (1000us = 1ms)、1000 ミリ秒を 1 秒に (1000ms = 1s)、60 秒を 1 分に (60s = 1m)、60 分を 1 時間に (60m = 1h)、24 時間を 1 日に (24h = 1d)、7 日を 1 週に (7d = 1w) 変換して表示します (筆者としては "分" 以降の単位は余計なお世話だと考えるが)。

この変換は見る分には便利ですが、変換後の値は「単位まで含めた文字列」として扱われてしまうため、ソートしようとした場合に問題になります (例えば"1ms"と"1us"を ORDER BY DESC 比較すると、"u"の方が"m"よりも後に来るため、"1us", "1ms"の順にソートされてしまう)。このような場合は x$接頭辞のビューを利用するとナノ秒のまま整数値として扱うことができますので、WHERE 句、ORDERBY 句のみを x$ビューで処理して digest カラムなどで JOIN し、表示は x$でない方を利用すると見やすくなります。

```
mysql> SELECT statement_analysis.* FROM x$statement_analysis JOIN statement_analysis
USING(digest) ORDER BY x$statement_analysis.avg_latency DESC LIMIT 3;
+-----------------------------------------------------------------------+------+--------+
| query                                                                 | db   | full_scan
| exec_count | err_count | warn_count | total_latency | max_latency | avg_latency |
| lock_latency | rows_sent | rows_sent_avg | rows_examined | rows_examined_avg |
| rows_affected | rows_affected_avg | tmp_tables | tmp_disk_tables | rows_sorted |
| sort_merge_passes | digest                           | first_seen          |
| last_seen           |
+-----------------------------------------------------------------------+------+--------+
| SELECT * FROM SYSTEM_USER LIMIT ? FOR UPDATE                          | d1   |
|          4 |         1 |          0 | 1.00 h        | 1.00 h      | 15.00 m     |
 2.02 ms      |         9 |             2 |             9 |                 2 |
 0 | 0          |                 0 |          0 |               0 |           0
| d5474c388bde037685b236bfd3b09573 | 2016-07-12 17:48:54 | 2016-07-12 18:49:07 |
| DROP SCHEMA `d1`                                                      | NULL |
|          1 |         0 |          0 | 46.29 ms      | 46.29 ms    | 46.29 ms    |
 41.94 ms     |         0 |             0 |             0 |                 0 |
 6 | 6
```

```
| aa246c9d2acb3f947ac3baf335bae205 | 2016-07-15 19:46:08 | 2016-07-15 19:46:08 |
| SELECT `sys` . `format_stateme ... cy` , `sys` . `format_time` (   | sys  | *
|         3 |         0 |          0 |    66.79 ms   |   36.17 ms    |  22.26 ms     |
  28.07 ms     |        93 |         31 |       187 |           62 |
0 | 0                       |         0 |             0 |          93 |                 0
| 537d3840a8bc9fee4fd63febaab85365 | 2016-07-19 09:01:28 | 2016-07-19 09:08:24 |
+-----------------------------------------------------------------+------+--------
3 rows in set (0.03 sec)
```

7.6 まとめ

　パフォーマンススキーマは MySQL 5.6 で大きく機能、性能が改善されました。MySQL 5.6 とそれ以降ではデフォルトで ON になっています。パフォーマンススキーマの設定は performance_schema データベースの setup_* テーブルに対して UPDATE することで変更できます。パフォーマンススキーマのデフォルト設定（ performance_schema.setup_* テーブルの初期値）のままでも改善に役立つ情報が蓄積されるため、特に理由がなければ有効にしておくことをお勧めします。

　sys はパフォーマンススキーマの情報を見やすくするためのビューやストアドプロシージャの集合です。パフォーマンススキーマ、sys とも SQL でアクセスできるため、 SELECT を工夫することで様々な情報にアクセスしたりデータを保管したりすることができます。

第8章 MySQLのチューニングを戦う方へ

第1章で予告した通り、本書では「チューニング箇所の洗い出しのテクニック」について説明してきましたが、「チューニングの方法」については一切触れてきませんでした。

本書ではチューニングそのものの方法については詳しく説明しません。それは見出しの通り「銀の弾丸」などはなく、MySQLのパフォーマンスチューニングは計測と改善を繰り返し行っていくべきものだからです。そのため、特定のケースにマッチする改善の手法よりも、繰り返し使われる計測の手法にフォーカスを当てて説明していきます。

この一文が全てではあるのですが、今回は参考までに筆者のチューニングの指標を紹介したいと思います。それがあなたの環境に当てはまるかどうかは、今まで紹介してきたツールなどを利用して計測してみてください。

8.1 チューニングの基本方針

基本的にはスローログをベースにインデックス追加で対応します。第1章でも説明した通り、SQLチューニングは決まれば100倍以上の性能向上をもたらすのに対し、パラメーターチューニングは多くの場合は再起動が必要な上にどんなに決まってもせいぜい数倍までです。丁寧にパラメーターの変更/計測/評価を行うよりも圧倒的に時間対効率に優れます。

innodb_buffer_pool_size に対して Innodb_data_reads（バッファプールだけで完結せずデータファイルを読んだ回数）、 sort_buffer_size に対して Sort_merge_passes （ソートバッファが足りず、テンポラリーファイルを利用してソートした回数）など、明確に指標があるものは時間対効率が良い（そして、効果が目に見えれば次をチューニングするモチベーションに

つながる）ため、積極的にパラメーターチューニングをしていきます。測定する項目を決めずにぼんやりチューニングを始めて、「時間はやたらかかったけれど本当に良くなったのかどうかわからない」ということにならないようにしましょう。

繰り返しますが、パラメーターを変えるだけで劇的に全てが速くなる銀の弾丸は **ありません**。基本的にはスローログをベースにインデックス追加やクエリーの書き換えを行います。パラメーターチューニングは「パラメーターが悪いことが明らかな場合」や、「どうしてもクエリーチューニングで辿り着いた以上にレイテンシーを低くする必要がある」場合に行います。

8.2 クエリーチューニングの測定

パラメーターチューニングよりも圧倒的に効果の出やすいクエリーチューニングですが、それでも効率の良い/悪いクエリーチューニングはあります。スローログから見つけたクエリーには何は無くとも EXPLAIN を実行しましょう。EXPLAIN の出力結果を少し斜に構えて見るヒントは第 3 章で紹介しました（紹介はしましたが、あまり斜に構えて見るよりは、まずは一度素直に見て、一通りインデックスを追加するなど検討した後に戻ってきてもう一度見る、くらいが良いかと思います）。

インデックスが全く無い、圧倒的テーブルスキャン…であれば非常に判りやすいのですが、そもそもインデックスで十分刈り込みをした上でデータのフェッチが遅いようなケースは、クエリーチューニングだけではどうにもなりません。どこにボトルネックがあるのかを調べるには第 6 章で紹介した `SHOW PROFILE` や `performance_schema.events_stages_history` が利用できます。"Sending data" に時間がかかっている場合、「必要以上の（クライアントに転送しない）行やカラムをフェッチしていないか」、「バッファプールミスヒットによるものではないか」を一通り疑った上で、クエリーそのものの書き換えや諦めてそっと閉じるなどの判断をします。

クエリーチューニングでスロークエリーが解消したかどうかは第 2 章で紹介した `pt-query-digest` の `--since` オプションと `--until` オプションを利用して前後の結果を比較するのが良策です。グラフ化などが好きであれば、記事中でも紹介した拙作の anemoeater[1] を利用してもらえると簡単にグラフ化することができます（anemoeater は Anemometer[2] を利用しやすくするためのユーティリティーであり、Anemometer そのものに関しては筆者は無関係）。

---

[1] https://github.com/yoku0825/anemoeater/
[2] https://github.com/box/Anemometer

また、クエリーチューニングが綺麗にきまってスローログに出力されなくなったとしても、MySQL 5.6とそれ以降のパフォーマンススキーマなら追いかけることができます。第7章で紹介した通り、 sys.statement_analysis の内容をどこかに保管した上で、sys.ps_truncate_all_tables で一度統計情報をクリアします。クエリーのダイジェストは（クエリーが同じ限り）変更されないので、 JOIN statement_analysis USING(digest) とすることで、簡単にチューニング前後の比較を出すことができます。

8.3 パラメーターチューニングの測定

再起動不要で SET GLOBAL で変更可能なパラメーターに対しては、第5章で紹介した tmux + dstat + innotop の組み合わせが便利です。

再起動が必要なパラメーターを変更して効果を測定するには、第4章で紹介した通り「PMP for Cacti」で MySQL のステータスを可視化するのが良いでしょう。各種バッファやログサイズを変更した場合でも、すぐに効果が出ないことはあります。InnoDB バッファプールなどはウォームアップの問題もありますし（それでも MySQL 5.6 とそれ以降で InnoDB バッファプールのウォームアップ[*3]が出来るようになったため、比較的「再起動以前と同じバッファプールの状態」まで持っていくことはやりやすくなりました）、そもそも「今までは足りなくなって性能が頭打ちになっていた状況でも性能が落ちなくなる」ことを期待して上限を上げるケースでは「その状況」になるまでは変更前とパフォーマンスが良くなることはないはずです。長期的な目でも比較することを忘れないでください。

もっと雑に計るのであれば、mysqladmin -i 1 -r ex | grep Handler_commit（秒間コミット数を出力する）や watch 'mysql -Ee "SHOW SLAVE STATUS" | grep Seconds_Behind_Master'（Seconds_Behind_Master の値を毎秒表示する）など、ワンライナーで特定の数値にだけ注目する方法もあります。いずれにせよ、パラメーターチューニングはクエリーチューニングに比べて効果測定が面倒ですので、お気に入りの測定方法をいくつか身に着けておくのが良いでしょう。

個々のクエリー単位での変化を観察するには、前の段落でも紹介した sys.statement_analysis の中身を保管して比較するテクニックも利用できます。

[*3] http://dev.mysql.com/doc/refman/5.6/ja/innodb-preload-buffer-pool.html

8.4 パラメーターの別の側面

　MySQL に限らずですが、パラメーターは「ハードウェアのリソースを使い切らないための安全弁」という側面があります。メモリーを 4GB しか積んでいないサーバー上で `innodb_buffer_pool_size = 32GB` と指定すれば、当然物理メモリーに全て収まりきらずにスワップするか、アロケートに失敗して起動できません。パラメーターを小さく設定しすぎるとハードウェアのリソースを使い切れなくなり、大きく設定しすぎるとハードウェアのリソース待ちが大きくなって性能が下がったり不安定になったりします。

　パラメーターの値（割り当てリソース）をゼロから無限に大きくしていくとすると、そのスループット（性能）は以下のようになります。

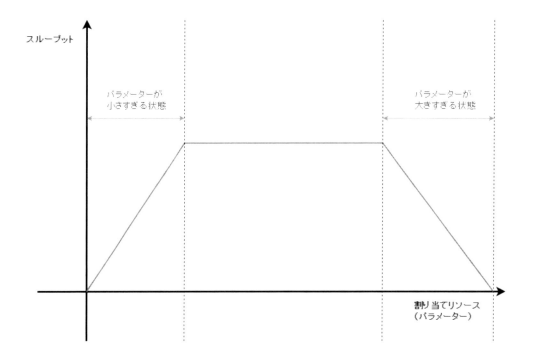

　パラメーターが適正値より小さい場合は、パラメーターを上げれば上がるほどスループットが上がっていきます。逆に、パラメーターが適正値より大きすぎる場合は、パラメーターを上げれば上げるほどスループットが下がっていきます。ただし、この模式的なグラフ自体、並列するクエリーの数やちょっとしたカーディナリティーの違い、他のパラメーターとの兼ね合いで左右に揺れますので、「先週は最適だったパラメーターが今日は少し足りていない」ように変化するこ

ともあります。

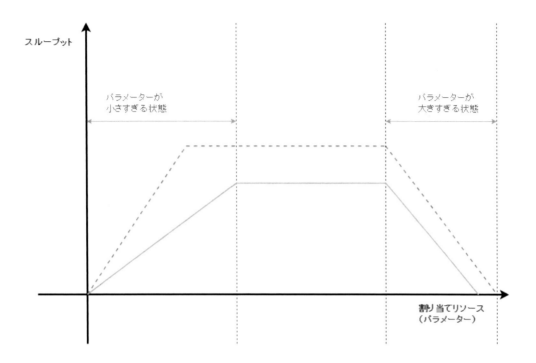

　パラメーターチューニングとは、このようにゆらゆら揺れる台形の上でボール（パラメーター）のバランスを取るようなものです。パラメーターとは最適な「値」で考えるよりも、最適な「レンジ」を考え、多少台形が左右に揺れてもボールが転がり落ちることのない状態を維持できるように調整します。

　計測しながらパラメーターを調整することで、「パラメーターを大きくしたら性能が上がった/下がった/変わらなかった」を基準に、現在の状態が台形のどこの部分に位置するのかを推測していきます。実際のスループットは複数のパラメーターに影響されたり、パラメーターを変更したためボトルネックが別のパラメーターに移っていく（例えば、InnoDBバッファプールを大きくすると今度はInnoDBログファイルサイズが足りなくなり、ログファイルサイズを大きくすると今度はダーティーページの閾値に引っかかってしまう…など）こともありますが、一つずつ丁寧に計測していくことが大事です。

2つ以上のパラメーターを一度に変えてしまうと、それぞれの影響が判らなくなるため（Aのパラメーターは割り当て過ぎのため増やすと本来性能が落ちるが、Bのパラメーターは割り当てが少なかったため増やして性能が上がった。足し合わせると、変更前と変わっていないように見える）、原則2つ以上を同時に変えるのはやめておいた方が良いでしょう（再起動が必要なものなど、一度にやりたくなる気持ちはわかりますが、少なくとも検証フェーズでは1つずつやりましょう）。

8.5 ハードウェアリソースとの兼ね合い

ハードウェアリソースはあるに越したことがない…というのは当然として、それがパラメーターチューニングにどのように関わってくるのかというと、足りない場合は以下のようにリソースの競合が始まる地点が左にズレることになります（ハードウェアリソースが十分に余っている場合は逆に、競合が始まる地点が右にズレる）。

多少の左右ならば「パラメーターから余裕度が減る」だけで済みますが、要求される処理に対して著しくリソースが足りていない場合、「本来必要なパラメーターの値より前に、リソースの奪い合いが発生する点が来てしまう」ことがあります。

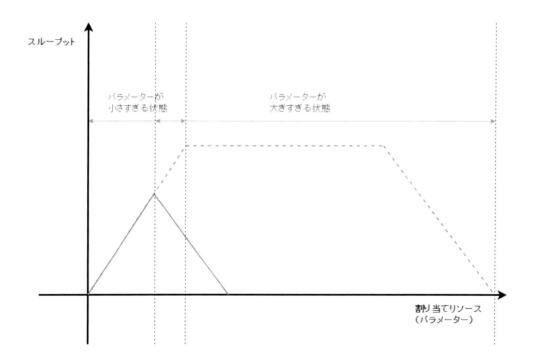

この状態になっていると、「一番性能が出る地点」にパラメーターを落ち着かせるのは非常に困難です（ゆらゆら揺れる三角形の頂点にボールを乗せることは現実でも困難であり、ましてその三角形は揺れる）。「パラメーターを大きくしたら性能が上がった/下がった/変わらなかった」を基準にパラメーター調整を考える場合においても、「パラメーターが少し足りていない状態」（三角形の頂点の少し左側）からパラメーターを大きくして、三角形の頂点を飛び越え、「パラメーターを大きくしすぎた状態」（三角形の頂点の少し右側）に推移してしまうケースが考えられます。こうなると、「パラメーターを大きくして性能が下がったので、パラメーターが大きすぎる。少し小さくしよう」と考えても、もともとの位置は頂点の少し左側ですので、「パラメーターを下げると性能が下がる」状態になってしまいます。

こうなってしまうと、一度に上げ下げするパラメーターの量を十分小さくして計測しなければなりませんが、それでも（左右に揺れる性質上）最適な値を探すのは困難ですし、計測のための工数が圧倒的に増えてしまいます。筆者としてはこの状態（パラメーターを上げても下げても性能が下がる）になった場合は時間対効果の面から「そっとしておく」ことにしています。また、難易度自体非常に高いので、パフォーマンスチューニングの上級者でもこのケースは難しいでしょう。

逆に考えると、ハードウェアリソースを潤沢にすることで「台形の上底を長くする」ことができますので、パラメーターチューニングの難易度を下げる（時間対効果を上げる）ことができます。特にパラメーターチューニングに自信がないうちは、リソースに多少余裕を持たせて経験値を積むことで感覚を掴むのが良いと筆者は考えています。

8.6 グローバルスコープとセッションスコープのパラメーター

MySQLではパラメーターにスコープがあり、グローバルスコープとセッションスコープがあります。

グローバルスコープのパラメーターは SET GLOBAL で設定し、 SHOW GLOBAL VARIABLES や SELECT @@global.xxx の形でアクセスします。セッションスコープは GLOBAL キーワードの代わりに SESSION キーワードを使うか、または省略した場合にセッションスコープの値を設定・確認できます。グローバルスコープしか持たないパラメーター（ innodb_buffer_pool_size など）、グローバルスコープとセッションスコープの両方を持つパラメーター（ sort_buffer_size など）の両方が存在しますが、注意しなければならないのは後者の「グローバルスコープとセッションスコープの両方を持つパラメーター」です。

誤解されがちですが、このタイプのパラメーターは「セッションスコープの値が実効値」であり、「グローバルスコープの値はセッション確立時にセッションスコープにコピーされるデフォルト値」です。この動作は、「SET GLOBAL でパラメーターを変更しても、既に接続済みのセッションには影響を及ぼさない。セッションが次に接続された時から有効になる」という形で目に見えてきます。アプリケーションが問い合わせのたびに MySQL に都度接続し直すタイプのものであればこれは些細な違い（既存のセッションはやがて破棄され、新しく接続されることが期待できる）ですが、コネクションプールを利用している環境ではこの動作は無視することができません（特に Java を利用しているアプリケーションエンジニアの方で、「パラメーターを変更したからアプリケーションを再起動してくれ」と言われた経験はありませんか？ それは、「アプリケーションを再起動してセッションを再接続してもらわないとパラメーター変更が有効にならない」ということだからです）。

このように（人によっては）あまり直観的でないグローバルスコープとセッションスコープを両方持つパラメーターですが、「実効値はセッションスコープである」ことを逆手に取ることもできます。たとえばオンラインのトラフィックでは sort_buffer_size = 256k で十分であるが、1 日 1 回実行されるバッチでは大量のソートを必要とするためソートバッファを大きく確保しておきたいようなケースでは、バッチの SQL の前に SET SESSION sort_buffer_size = 12M と追加することで、そのセッションでだけソートバッファを大きくすることができます。バッチが終わったセッションがそのまま破棄されるのであればそのまま特にすることはありませんし、バッチ終了後はオンラインのトラフィック処理に回るのであれば SET SESSION sort_buffer_size = DEFAULT のように DEFAULT キーワードを利用することで、元の（グローバルスコープの）値に戻すことができます。

8.7　まとめ

チューニングは原則クエリーチューニングから行い、クエリーチューニングのみで解決できない場合にパラメーターチューニングを行う方が時間対効率が良くなります（明らかにパラメーターが悪い兆候が出ている場合はそのパラメーターを先にする）。

パラメーターは「リソースを使い切らないための安全弁」であることに注意してください。ハードウェアリソースが潤沢にある方が、パフォーマンスチューニングの難易度は下がります。パラメーターの最適値は「点」ではなく、パフォーマンスが平坦化する「面」と考えてください。

パフォーマンスチューニングは「原因を推測し」「原因を修正し」「計測して原因の推測が正しかったかどうかを確認する」の繰り返しです。特にパラメーターチューニングでは長いスパンで

の計測が必要なことが少なくありません。手に馴染む計測手法をいくつか揃えておくことは今後のスキルアップにもつながってきます。本書で紹介した手法が、みなさんのカードの1枚になってくれれば幸いです。

●著者プロフィール

yoku0825
GMO メディア株式会社の DBA で日本 MySQL ユーザ会員。
Oracle ACE(MySQL)、MySQL 5.7 Community Contributor Award 2015 受賞。
ぬいぐるみとイルカが好きなおじさん。

●スタッフ
- 田中 佑佳（表紙デザイン）
- 伊藤 隆司（Web 連載編集）

本書のご感想をぜひお寄せください
http://book.impress.co.jp/books/1116101077
アンケート回答者の中から、抽選で商品券（1万円分）や図書カード（1,000円分）などを毎月プレゼント。
当選は商品の発送をもって代えさせていただきます。

●本書の内容に関するご質問は、書名・ISBN・お名前・電話番号と、該当するページや具体的な質問内容、お使いの動作環境などを明記のうえ、インプレスカスタマーセンターまでメールまたは封書にてお問い合わせください。電話やFAX等でのご質問には対応しておりません。なお、本書の範囲を超える質問に関しましてはお答えできませんのでご了承ください。

●落丁・乱丁本はお手数ですがインプレスカスタマーセンターまでお送りください。送料弊社負担にてお取り替えさせていただきます。但し、古書店で購入されたものについてはお取り替えできません。

■読者の窓口
インプレスカスタマーセンター
〒101-0051　東京都千代田区神田神保町一丁目105番地
TEL　03-6837-5016　／　FAX　03-6837-5023
info@impress.co.jp

■書店／販売店のご注文窓口
株式会社インプレス　受注センター
TEL　048-449-8040
FAX　048-449-8041

MySQL即効クエリチューニング（Think IT Books）

2016年12月1日　初版発行

著　者　yoku0825
発行人　土田　米一
編集人　高橋　隆志
発行所　株式会社インプレス
　　　　〒101-0051　東京都千代田区神田神保町一丁目105番地
　　　　TEL　03-6837-4635（出版営業統括部）
　　　　ホームページ　http://book.impress.co.jp/

本書は著作権法上の保護を受けています。本書の一部あるいは全部について（ソフトウェア及びプログラムを含む）、株式会社インプレスから文書による許諾を得ずに、いかなる方法においても無断で複写、複製することは禁じられています。

Copyright © 2016 yoku0825. All rights reserved.
印刷所　京葉流通倉庫株式会社
ISBN978-4-295-00029-7　C3055
Printed in Japan